JN041370

ビジネス価値創出のための
データ・システム・ヒトのノウハウ

実践的データ基盤への処方箋

ゆずたそ
渡部徹太郎　著
伊藤徹郎

技術評論社

はじめに

■データ活用の現状

　近年、労働人口の減少などを背景として、企業におけるデジタルの活用が活発になっています。デジタルの力を用いて既存業務を改善・効率化しつつ、新たなビジネス価値を創出していこうという動きです。

　デジタル化の一環として**データ活用が注目を集めています**。活用の例として、データに基づく意思決定があります。これは、今まで担当者が経験と勘で行っていた意思決定を、客観的なデータに基づいて意思決定することによって、属人性を排除するとともにより正しい意思決定ができることを目的とします。他の活用例としてAI（人工知能）があるでしょう。AIで実現できることの典型例として、顧客のデータをAIに学習させ、顧客の好みにあった商品を推薦するといったしくみがありますが、これはAIが膨大なデータを学習したことにより初めてできることです。

　このようにデータ活用が注目を集めており、それにともないデータ活用をする職種が注目されるようになってきました。それは「データアナリスト」と「データサイエンティスト」です。

■データ活用のためにはデータ基盤が必要

　企業にデータアナリストやデータサイエンティストがいるだけで、データ活用ができると言えるでしょうか？ いわゆるデータ活用のPoC（Proof of Concept：概念実証）を実施するだけであれば、それで十分でしょう。データアナリストやデータサイエンティストが使いたいデータを、社内外から一時的にかき集めて、その集めたデータを用いて分析や効果検証を行うことは可能です。

　しかし、これはデータ活用をしているとは言えません。**真のデータ活用とは、一時的ではなく継続的に企業の成長を支えることです**。一時的にデータをかき集めて効果を出せたとしても、それに継続性がなければ、企業に

とって意味はないのです。

　継続的にデータ活用をするためには、企業内に「データ基盤」が整備されている必要があります。データ基盤とは、継続的にデータを収集して蓄積しておくためのコンピュータシステムです。

　もし企業内にデータ基盤が整備されていなければ、データの活用をしようと思うたびにデータをさまざまな場所からかき集めてくる必要があります。あるデータは業務システムのデータベースにあったり、とあるデータは共有ファイルシステムの中のスプレッドシートに記録されていたり、さらには顧客から集めたアンケートなどは紙で保管されていたりするかもしれません。こういった状況では、データを集めることに作業時間のほとんどを費やしてしまうことになるでしょう。

　このように、企業でデータ活用をするためには、**データアナリストやデータサイエンティストがいるだけでは不十分**であり、データ基盤が整備されていることが必要であるとわかります。

▍データ基盤をつくるための道具や知識が揃ってきた

　データ活用のPoCを終えた企業は、継続的にデータから価値を引き出すために、データ基盤の整備に取り組みます。その企業のニーズに呼応するように、データ基盤に関する道具や知識が揃ってきました。

▍道具が揃ってきた

　ITベンダ各社はデータ基盤をつくるための製品を市場に投入してきています。例えば、データを集めるためのツールである「ETL製品」、データを蓄積し分析するための「DWH製品」、そしてデータをチャートとして可視化したりレポートにまとめ上げる「BI製品」などです。これらの製品を手掛けるベンチャー企業は多数ありますし、大手のITベンダもこぞってこの分野の製品を出してきています。ITベンダにとって、企業のデータ基盤を押さえることが重要な戦略になってきています。

▍知識も揃ってきた

　データ基盤の知識についても体系化されて簡単に学習できるようになっ

てきました。例えば、データ基盤にデータを蓄積する方法について、5年前までは特に決まった方法論はありませんでした。しかし最近では、データの持ち方を「データレイク」「データウェアハウス」「データマート」の3つに分けて持つとよいという方法論が確立されて、書籍やITベンダの説明資料で紹介されるようになってきました。

■データ基盤を十分に活用できているとは言い切れない

このように、企業がデータ基盤を必要とし、データ関連の職種の認知が高まり、データ基盤をつくるための道具や知識が揃ってきています。しかし、企業においてデータ活用がビジネス価値創出に直結しているかというと、そうとは言い切れないと認識しています。

■データ基盤はつくれても、ビジネス価値を創出できない

筆者らはよく企業の相談を受けることがあるのですが、そこでは次のような問題が話題にあがります。

「ダッシュボードをつくったが、1週間後には誰にも見られなくなっていた」
「社内に散らばるデータを集めたが、そのあと何をしたらよいかわからない」
「最新技術を駆使してデータ収集システムをつくったのに、価値を理解してもらえない」
「あるデータが何を意味しているのかわからず、聞き込み調査だけで1日が終わった」
「データ収集に障害が多発し、苦労して対応したが、実は誰もデータを使っていなかった」
「似たような分析レポートが複数あるが、値が異なっていて、どれが正しいのかわからない」
「ずっとメンテナンスしてきた分析レポートが、実は何の意思決定にも使われていなかった」
「データ収集が頻繁に失敗し、その障害対応に追われてデータ分析する時間がとれない」

「データ収集が時間内に終わらず、その日の分析で利用できなかった」
「ベンダの提案で業務システムで使っているデータベースと同じ製品で
データウェアハウスをつくったが、性能が悪すぎてデータ分析に使えな
かった」
「社内のデータを活用して価値を出したいが、どうしていいかわからない」
「過去に外部のデータ分析会社に外注をしたが、うまくいかなかった」
「個人情報保護など規制が厳しくなってきているが、自社のデータ活用に
影響があるのかわからない」

　いかがでしょうか？ みなさんの企業でも同じような事例が起きていな
いでしょうか？ これらの問題が発生する背景には、**データ基盤のつくり方
は認知されているが、活用のさせ方が認知されていない**という現状がある
と考えています。
　データ基盤というコンピュータシステムそのものをつくることはツール
や知識があればできます。大手クラウドベンダには多くのデータ基盤関連
サービスがあり、それらを使ってデータを収集したり蓄積したりするハン
ズオンも多く紹介されています。また、データを分析しレポートやダッ
シュボードをつくったり、推薦システムをつくったりすることもできます。
　しかし、データ基盤を利用して、意思決定に活用したり、企業の利益を
向上させるようなビジネス価値を創出するアウトプットを出せるかという
と、そうとは限りません。さらに、1回ではなく継続的に価値を出し続け
ることは、さらに難しいと言えるでしょう。

▌データ基盤の活用には、知識や技術だけでなく現場のノウハウが必要

　データ基盤が企業にとって意味のあるアウトプットを出し、そして進化
し続けるためには、現在広く知れ渡っている技術や知識だけでは足りません。
必要になるのは、**実際にビジネス価値を出している現場のノウハウ**です。

▌現場のノウハウがあれば、アンチパターンに陥らない

　例えば、先に挙げた「社内に散らばるデータを集めたが、そのあと何を
したらよいかわからない」といった証言は、企業にとって意味のあるアウ

トプットを意識しないまま、とりあえずデータを集め始めてしまったケースです。これを象徴する例として、実際に企業の幹部がこのようなことを言っていました。

「我社のデータがバラバラであるからいけないんだ。一箇所に集めれば何かイノベーションが起こる」

これは、データ基盤の目的を見失っている典型例です。データを一箇所に集めることにより、今までできなかった意思決定ができるようになるならよいのですが、ただデータを集めることを目的としてしまいました。もしこのときに、「とりあえずデータを集めるのは失敗の前兆」というノウハウがその企業に備わっていたら、この判断にはならなかったでしょう。

■現場のノウハウがあれば、
　継続的な改善をするために必要なことがわかる

さらに「ずっとメンテナンスしてきた分析レポートが、実は何の意思決定にも使われていなかった」という証言は、データ基盤の継続的な改善に取り組んでいなかった例です。おそらくこのレポートが最初につくられたときは、その企業にとって意味のある意思決定の判断材料になったはずです。そして作成当時は「データ基盤をつくって良かった」と思ったはずでしょう。しかし月日が経つにつれ、ビジネスが変化し、そのレポートを見ても何のアクションにつながらなくなりました。しかしデータ基盤側のレポートを管理している担当者は気づけなかったというわけです。

このケースにおいても、もし担当者が「レポートの利用状況を監視することが重要」というノウハウを知っていれば、早期に問題のレポートの管理を停止する決断ができ、余った時間を意味のある別のレポート作成にあてることができたでしょう。

このように企業にとってビジネス価値のあるアウトプットを出し続けるためには、今広まっているデータ基盤の技術や知識だけでは不十分であり、現場のノウハウが必要なのです。

本書の目的は、真にデータ活用しビジネス価値を創出するための現場の

ノウハウをみなさんに伝えることです。そして、多くの企業で抱えている「使われないデータ基盤」を「使われるデータ基盤」にし、さらには「進化し続けるデータ基盤」にするための処方箋です。

▍データ、システム、ヒトのノウハウ

本書は、データ基盤のノウハウを、「データ」「システム」「ヒト」の3つの観点に分けて解説していきます。

データは最も重要です。必要なデータを生成し、正しく集め、目的に沿って集計・可視化し、意思決定やアプリケーションに役立てる。この一連の流れや結果のフィードバックを正しく行うことが、ビジネス価値創出には必要不可欠です。第1章にて、データのスペシャリストであり現役のデータスチュワードであるゆずたそが、データの整備やフィードバックサイクルの回し方を紹介します。

データを扱うためにはシステムが必要です。間違ったつくり方でつくったデータ基盤のシステムは、コストが高く柔軟性にかける物となり、せっかく貴重なデータがあってもシステムが足枷でビジネス価値を創出できない可能性があります。第2章では、システムのスペシャリストであり現役のデータエンジニアである渡部が、システム基礎知識やのアンチパターンにならないつくり方を紹介します。

ヒトも忘れてはいけません。いくらデータやシステムが優れていても、それを扱うヒトや組織が整っていなければデータ活用はできません。データ分析組織とその組織長の立ち振る舞いがデータ活用の成否を握っていると言っても過言ではないでしょう。第3章では、ヒトのスペシャリストであり現役のデータ組織の組織長である伊藤が、会社としてデータ基盤に取り組むための組織づくりやガバナンスのノウハウを紹介します。

このように、データ基盤を活用するためには、データ、システム、ヒトの3つについて要所を押さえる必要があります。

本書では、「データ」「システム」「ヒト」のそれぞれのスペシャリストを集め、3人で執筆しました。この3名はいずれもデータ活用の最前線で企業に価値を出し続けてきたメンバーです。また「とりあえずデータ分析をやってみよう」「AIをやってみよう」といったなまやさしい現場ではなく、

データを活用しないと生き残れないような厳しい現場で長年経験を積んできています。その3名がそれぞれの経験をもとに、データ活用の実際の現場を「データ」「システム」「ヒト」の観点で解説していきます。

データ基盤の全体像と組織

次章から本論に入りますが、その前に本書が前提としているデータ基盤の全体像と用語、およびデータ組織の説明をします。

データ基盤の全体像

次ページの図0-1を見てください。図の中心には、データとシステムからなるデータ基盤と、それを支えるデータ組織があります。

データ基盤を構成するコンピュータシステムは、データを収集する部分、蓄積する部分、そして利用する部分の3つに大きく分けられます。データ収集では、データ基盤の外側にあるデータの発生源「データソース」からデータをデータ基盤に集める機能を担います。蓄積ではデータを「データレイク」「データウェアハウス」「データマート」という3つの層に分けて保持します。またデータそのものを説明する「メタデータ」を管理します。そしてそれらを利用するユースケースがあり、データ基盤利用者やエンドユーザに価値を提供します。

データ基盤を支える組織

データ組織には3つの役割があります。

データエンジニアは、通常のエンジニアと同様にデータ基盤のコンピュータシステムの構築や運用を担います。また、それに加えてデータ収集を担当することが多く、その場合はシステムの知識だけでなく、データの加工や蓄積の知識も必要となり、通常のエンジニアよりもより広範なスキルを必要とします。

データスチュワードは聞き慣れない役割かもしれませんが、データに責任を持ちデータの整備や利用者のデータ活用をサポートする役割を担います。また、利用者からのフィードバックをデータ基盤に行き届かせ、データ基盤を進化させるためのフィードバックサイクルを回す重要な役割です。

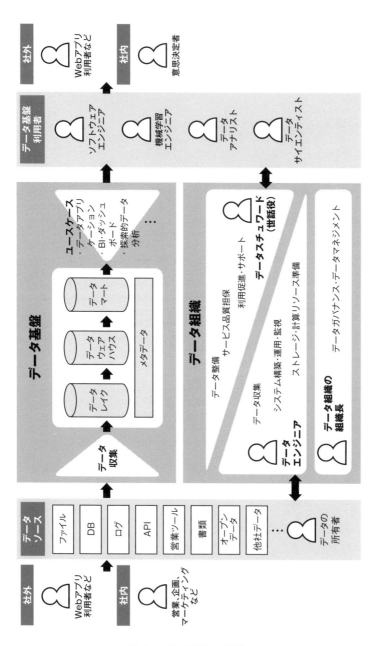

図 0-1　データ基盤の全体像

しかし、世間ではこのデータスチュワードという職種が十分な認知を獲得しているとは言えないため、本書では意図的に強調して取り上げます。

　組織長はデータエンジニアやデータスチュワードのマネジメントだけでなく、企業全体に働きかけて、企業におけるデータ分析文化を醸成したり、データ活用人材の採用戦略を立案したりする責務があります。また、データのガバナンス強化やセキュリティ遵守の責務も担い、企業全体でインシデントが起きないようにすることやインシデント時のリスクを逓減できるような安全管理措置の策定も求められます。

想定する読者

　本書で想定している読者を以下に挙げます。

- これからデータ基盤を導入しようと考えている人
  - 大企業においてIT部門に所属し、経営者から「AIを活用してくれ」「データ基盤を入れてくれ」と言われた方
  - IT部門ではないが、データ活用がミッションになっているデータ活用推進部門やデジタル推進室の方
  - 200 〜 300人規模のベンチャー企業で活躍するデータ活用人材

- すでにデータ基盤を導入したが、うまく活用できていない人
  - PoCはうまくいったが、本格導入に進めない方
  - データを集めたが、使い方が決まっていない方
  - データが整備されずに悩んでいる方
  - 最初は使われていたが、徐々に使われなくなり、悩んでいる方
  - データサイエンティストはいるが、その他の人材が集まらずに悩んでいる方

　いずれかに当てはまる方にとっては、本書の内容は一読の価値があるでしょう。

▌本書では書いていないこと

　本書では以下の詳細にはふれません。他の書籍などを参照してください。

- 分析ツールやデータ基盤を構成する製品の使い方
- プログラムのソースコード
- データ分析手法、アルゴリズム

　エンジニアだけでなくデータ基盤に関わる多くの方に読んでいただきたいと考えた結果、これらの技術的な知識については最低限の記述にとどめています。

実践的データ基盤への処方箋

目 次

第2章　データ基盤システムのつくり方　　　63

第3章　データ基盤を支える組織　　　　151

第 **1** 章

データ活用のための
データ整備

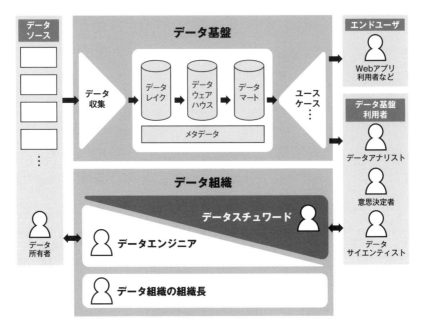

図1-1　データ基盤の全体像

　筆者はITコンサルタントとして10社以上のデータ基盤構築を推進してきました。データを整備するだけで、営業活動や広告の効果を計測できるようになり、数億円規模の利益を創出したこともあります。

　ビジネス誌や転職サイトでは、データ分析、機械学習、AI（人工知能）、DX（デジタルトランスフォーメーション）など華やかな言葉が並んでいますが、多くの企業はそもそもデータ整備さえできていないのではないでしょうか。裏を返せば、データを整備するだけで、ビジネスを成長させられる可能性があるということです。多くの企業がデータ整備を進めることで、事業の成長につながり、日本経済にポジティブな影響を与えることができるはずです。その一助になればと考え、本章を執筆しました。

　筆者は成功事例やノウハウについて積極的に情報発信しており、Data Engineering Studyという勉強会ではモデレータを務めています。そのため、筆者の記事や資料を読んだ方から「データ整備が進まない」「集めたデータが活用されない」といった相談が寄せられます。

　データが生成されてから活用されるまで、左から右にデータを流すだけなのに、なぜ現実ではうまくいかないのでしょうか。データの流れのどこに問題が生じるのでしょうか。自社の課題と打ち手を検討しながら読んでみてください。

　1章では、データが生成されてから活用されるまでの一連の流れを解説します。具体例として「ゆずたそストア」という架空のECサイトを題材にします。自社のビジネスに置き換えながら読んでください。

　1-1節ではデータ基盤の一連の流れについて解説します。

　1-2 ～ 1-4節ではデータの生成元の整備について、1-5 ～ 1-10節では、データの流れに沿ってデータ基盤を構成する各層を解説し、アンチパターンや課題とともに対応策について言及します。

　アンチパターンの発生を検知し、解消するには「サービスレベル」と「データスチュワード」が重要です。サービスレベルはITサービスの品質水準のことで、1-11節にて詳しく解説します。データスチュワードはデータ整備を担う役割で、1-12節にて詳しく解説します。ITサービスの品質を計測できていない場合や、データ整備を担う人材がいない場合はアンチパターンに陥りやすいと言えます。

1-1　データの一連の流れを把握し、入口から出口までを書き出す

　本節ではデータが生成されてから活用されるまでの一連の流れを解説します。未来のあなたはどのようにデータを活用しているでしょうか。そのデータ活用のためにどのようにデータを整備しているでしょうか。ぜひご自身の今後の活動を想像しながら読み進めてください。

　架空のECサイト「ゆずたそストア」を題材にしてデータ活用案を考えてみます。このECサイトでは日本を代表する超人気キャラクター「ゆずたそ」の関連グッズを扱っていることにしましょう。ECサイトを運営すると「最近の売上は好調なのか知りたい」「休眠会員にクーポンメールを送って購買を促進したい」といったデータ分析やメール配信施策のアイデアが浮かびます。このようなデータ活用施策の多くはスプレッドシートだけでは完結せず、

データベースから会員や売上に関するデータを取得し、複数のデータをつなぎ合わせ、他のソフトウェアと連携することで可能になります。

データソースからユースケースまでの流れ

「ゆずたそストア」のデータ活用案を実現するには、商品や顧客に関するデータを整備する必要があります。これらのデータが生成されてから活用されるまでの一連の流れは図1-2のようになります。

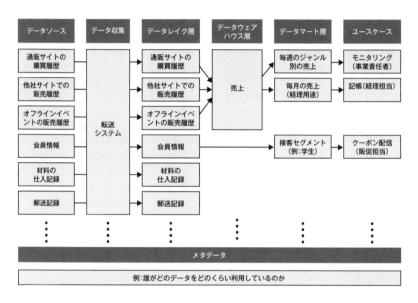

図1-2　ゆずたそストアのデータの流れ

　データは、図左のデータソースから右方向にいくつかの層を経由してユースケース（データ活用）にたどり着き、各層ではメタデータが付与されています。これらの概要を順に解説します。

- **データソース**：オリジナルのデータのこと、もしくはそのデータの発生源を指します。顧客がECサイトで注文すると、データベースに購買履歴が記録されます。材料の仕入れや商品の輸送については、紙の台帳で管理しているかもしれません。これらがデー

タソースです。

- **データ収集**：データソースからデータを集めるしくみです。ECサイトのデータベースから記録を取り出したり、紙の台帳をデジタルに変換したりして、データを収集します。システム開発の比重が強いため、本章では扱いません。データ収集システムの詳細は第2章を参照してください。

- **データレイク層**：多様なデータを集約する場所です。データソースのデータをそのままコピーしたデータ、またそのデータの置き場を指します。注文履歴を分析用のデータベースに集約したら、それがデータレイクです。加工や結合をしていないコピーなので、データソースと一対一の関係にあります。

- **データウェアハウス層**：加工・結合したデータを置く場所です。共通指標となるデータ、またそのデータの置き場を指します。自社ECサイトだけでなく、外部のWebサイトやオフラインのイベントでも同じ商品を販売している場合、それらのデータも組み合わせて「売上」という横断の指標を集計します。

- **データマート層**：加工・結合したデータを置く場所です。特定用途向けのデータ、またそのデータの置き場を指します。「毎週のジャンル別の売上」といったデータが該当します。用途ごとにつくるので、ユースケースと一対一の関係にあります。

- **ユースケース**：データ基盤の用途です。経営者がダッシュボードツールで「毎週のジャンル別の売上」を確認することや、キャンペーン担当者が特定の顧客層にシステムでクーポンを配布することなどをユースケースと呼ぶことができます。

- **メタデータ**：データを説明するためのデータです。「購買記録データには購入者や購入金額が記録されている」といったスキーマ情報や「誰がどのデータをいつ更新・参照した」といった更新・参照情報が該当します。データの利用状況を確認することで、利用促進のヒントを得たり、トラブルを検知してその対策につながったりします。

これらの詳細については次節以降で解説します。なぜわざわざ細かく層

を分けているのか、ただデータを集めて分析するだけではダメなのか、どのような点に注意すべきなのか、といったことが理解できるでしょう。

　図1-2「ゆずたそストアのデータの流れ」を参考にして、ぜひご自身の担当する業務についても書き出してみてください。関係者が興味を寄せているデータや、売上につながりそうなデータを優先して書き出すと円滑に進めることができます。

　なお、データレイク層、データウェアハウス層、データマート層による三層構造は、Bill Inmon 氏の「CIF（コーポレートインフォメーション・ファクトリー）」と、青木峰郎氏が『10年戦えるデータ分析入門』（SBクリエイティブ、2015）で提唱した概念を参考にしています。2018年に筆者が『データ基盤の3分類と進化的データモデリング』というブログ記事[注1]でこの概念を紹介しました。

入口と出口を洗い出す CRUD 表

　自社のデータの流れを書き出すコツは、入口と出口を洗い出すことです。どういう用途でデータを活用したいのか（出口：ユースケース）を確認し、必要なデータをどこから集めるのか（入口：データソース）を設計します。

　データの入口と出口をマッピングする手法として、**CRUD表**があります。CRUD表では、人やシステムがデータをどう扱うのかを表形式で整理します。そしてデータの取り扱い方を以下の4つに分類します。

- C（Create）：データを生成する
- R（Read）：データを参照する
- U（Update）：データを更新する
- D（Delete）：データを削除する

　ECサイト「ゆずたそストア」の場合は、表1-1のようになります。表の読み方と、表の中身について、順を追って解説します。

注1　https://yuzutas0.hatenablog.com/entry/2018/12/02/180000　この3層構造を解説する書籍・インターネット記事は多く出回っていますが、その多くは出典元を明記していません。正確な記述や意図を理解するにあたっては原典を参照してください。

表1-1　ゆずたそストアの CRUD 表

		社外		社内			
		行政	民間	システム開発部		販売促進部	商品開発部
		気象庁	物流倉庫A社	ECサイト	メルマガ	キャンペーン	商品開発
データ	天候	C・U			R		
	会員情報			C・R・U	R		
	購買履歴			C・R	R		
	商品一覧		R	R	R		C・U
	在庫		C・U・D	R	R		
	クーポン			R	R	C	

　表の左部分には、対象となるデータを書き出します。「天候」「会員情報」「購買履歴」「商品一覧」「在庫」「クーポン」に関するデータです。天候データの場合は「2021年5月1日、東京都、晴れ」といった情報を含むでしょう。
　表の上部分には、以下のようにしてデータを扱う主体を書き出します。

- 社内なのか、社外なのか
- 社外だとしたら、組織名は何か
- 社内だとしたら、どの部門の、どの業務（あるいはシステム）なのか

　表の内側には、該当の場所で、該当のデータを、どのように扱うのか、を書き出します。

- データを生成するのか（C：Create）
- 参照するのか（R：Read）
- 更新するのか（U：Update）
- 削除するのか（D：Delete）

　このようにCRUDのいずれかを記載します。1つのマスに複数の内容を記載することもあります。
　では、ゆずたそストアの例について解説します。このCRUD表は、雨天限定のメルマガクーポンを配信するためのものです。一般的に雨の日は外出を控えるため、ネットでの購買活動が活発になると予想できます。顧客

の購買意欲を刺激して売上を伸ばせるように、雨天限定のクーポンをメルマガで自動配信したいと考えました。そのためのデータを洗い出しています。

　対象となるデータを考えます。雨天を判断するには「天候」データが必要です。メルマガを送るには「会員情報」に含まれるメールアドレスが必要です。「購買履歴」を確認して、過去の雨天時に人気だった「商品」をメルマガで紹介できると、購買意欲を刺激できるでしょう。商品をおすすめするときには「在庫」が十分にあるかをチェックしておく必要もあります。メルマガには「クーポン」の入力コードを記載したいので、そのデータも必須です。表の左部分にこれらの情報を記載します。

　データを扱う主体を考えます。天候や在庫のデータを扱うので、社外なら気象庁や物流倉庫会社が該当するでしょう。社内ではECサイトやメルマガが主体となるシステムです。「商品開発部が商品データを作成している」「キャンペーン企画チームがクーポンを発行している」といった主体がわかっていれば、これらも記載しておきましょう。表の上部分に記載します。

　データの処理方法を考えます。「誰が」「どのデータを」「どう処理するのか」を書き出すと、以下のようになります。

- 気象庁が生成（C）、更新（U）する気象データを、メルマガ配信システムが参照（R）して、雨天であればメルマガを配信する
- 会員情報はECサイトで登録（C）、表示（R）、編集（U）して、メルマガ配信時にも参照（R）する
- 購買履歴はECサイトで記録（C）、表示（R）して、メルマガ配信時には人気商品を判定するために参照（R）する
- 法務・経理の観点から過去の売買記録を保存しなければいけないので、会員情報、購買履歴の完全削除（D）はここでは想定しない
- 商品一覧については、商品開発部がリストを作成（C）、更新して（U）、倉庫、ECサイト、メルマガなどで参照（R）する
- 在庫情報は倉庫が登録（C）、更新（U）、削除（D）して、ECサイトで残り在庫を表示（R）したり、メルマガ配信前に在庫を確認（R）する
- クーポンの入力番号は、キャンペーン担当者が発行（C）して、ECサイトの割引決済のために参照（R）したり、メルマガで顧客に見せるために参照（R）する

この内容をCRUD表にまとめると、表1-1が完成します。

データの入口と出口がマッピングできると、どのようなデータ整備が必要なのかが明確になります。「購買履歴はすでに取得しているからOKだ」「クーポンのデータ管理をシステム化しないといけない」「在庫情報の更新頻度を確認しておこう」といった会話がはじまります。

残念ながら多くの企業では、データの入口と出口が曖昧でデータ活用が進まない、という事態に陥っています。「平成30年度成果報告書　産業分野における人工知能及びその内の機械学習の活用状況及び人工知能技術の安全性に関する調査」[注2]によると、機械学習における課題の1位は「課題が不明」、2位は「十分な量・質を備えたデータの取得」とのことです。ぜひCRUD表を書いて、入口と出口を明確にしておきましょう。

▌データ基盤に関する用語集をまとめる

自社のデータの流れを書き出すと同時に、データ基盤に関する用語をドキュメントに書いておきましょう。ステークホルダーとのコミュニケーションに役立ちます。データの整備を進めるには、多くのステークホルダーを巻き込まないといけません。CRUD表の例では「雨天限定のメルマガクーポンを配信する」というユースケースを取り上げました。このユースケースを実現するには、社内だけでも3つの部門（システム開発部、販売促進部、商品開発部）のデータを使うことになります。多くのステークホルダーにデータ基盤の存在とそれに関する用語を知ってもらい、コミュニケーションを円滑にしましょう。

特別な事情がなければ、最初は本書に掲載しているキーワードが自社で何に置き換えられるかを箇条書きにまとめれば十分です。仕事を進めるうちに、新しいキーワードが出てきたり、関係者に通じやすい呼び方が定まってくるので、必要に応じて用語集をアップデートしましょう。

注意したいのは、書籍や開発者によって用語の使い方が異なるという点です。本書の用語の使い方と、ご自身や所属チームでの解釈・用語が異なる場合は、ご自身にとって適切だと思える言葉に置き換えてください。

注2　「国立研究開発法人 新エネルギー・産業技術総合開発機構 成果報告書データベース」より（閲覧にはユーザ登録が必要です）　https://www.nedo.go.jp/

　例えば、さきほど「データレイク」という言葉を紹介しました。本章では「元データのコピーを集約する場所」と解釈しています。その延長で「元データをコピーしたデータ」を指すこともあります。仮にデータ分析者が「データレイクを確認しよう」と発言した場合（ITシステムとして）「コピーの集約場所を確認しよう」という意味に加えて（データの内容として）「加工されていないデータを確認しよう」という意味を含む、というのが本章の解釈です。

　しかし、他の書籍・記事では「画像や音声ファイルなどの非構造化データをそのままの形で置くための場所」という側面を強調して「データレイク」と呼ぶことがあります。画像や音声を扱う機械学習エンジニアにとっては、ファイルがそのままの形で置かれていることが重要だからです。発言者の文脈によって、注目する観点が異なるのです。

　同様に、データレイク層とデータマート層の中間にある「データウェアハウス層」（設計上の役割）と、大規模なデータ処理に特化した「データウェアハウス製品」（ツール）は、同じ「データウェアハウス」という言葉で、混乱を招きやすいと筆者は感じています。かつては「データウェアハウス製品」というツールは、「データウェアハウス層」のデータを管理するために使われていました。データウェアハウス製品の性能向上によって、データレイク層やデータマート層のデータを扱うことが容易になったため、用語の持つ意味が分離したのだと筆者は解釈しています。

　データに関するテクノロジーが急速に発展し、異なる視点を持つ人々がそれぞれ解釈しているからこそ、用語の持つ意味が揺らいでいるのでしょう。本書は実務者に向けた書籍ですので、筆者が現場で使っている用語をそのまま掲載しています。繰り返しになりますが、もしご自身の解釈と一致しないのであれば、どの表記が正しいかにこだわるのではなく、ご自身や関係者にとって意味が通るように読み替えていただくことを推奨します。

1-2　データの品質は生成元のデータソースで担保する

データソースとは何か

　本書における**データソース**（Data Source）とは、オリジナルのデータのこと、もしくはそのデータの発生源を指します。データが発生する源なので、データソースと呼びます。顧客がECサイトで注文すると、データベースに購買履歴が記録されます。材料の仕入れや、商品の輸送については、紙の台帳で管理しているかもしれません。これらがデータソースです[注3]。

　あらゆる情報がデータソースになりえます。ここではヒト・モノ・システムに分けて考えてみましょう。ヒトに該当するのは、顧客や従業員、取引先（法人）です。どのような顧客が多いのかを分析するためには、顧客データが必要です。モノに該当するのは、商品や材料です。どの商品が売れているかを確認するには、商品データが必要です。システムに該当するのは、ECサイトを構築しているサーバです。ECサイトで予期せぬエラーが起きたときはサーバの記録を調査します。

　これらのヒト・モノ・システムが何らかの行動をとることで、記録が残ります（履歴データが生成される）。ECサイトの訪問記録を例に挙げると、以下のようなデータです。

- ユーザID
- 訪問時間
- 開いたページ
- クリックしたボタン

　これらのデータをもとに、時間帯によって人気の商品（コンテンツ）がわかれば、時間帯によってバナーの表示を変えることで、顧客にとって使いやすいWebサイトに改善できるでしょう。

　自社が保有するデータとは別に、社外のデータソースを参照する場合が

注3　データソースの収集方法についての詳細は2-2節で解説しています。

あります。鉄道会社が保有する「駅・路線」データや、行政が管理する「市区町村」といったデータを使うことで、輸送に関するデータ分析ができます。

■ なぜデータソースの品質に注意すべきか

Garbage In Garbage Out（ゴミを入れたらゴミが出てくるという意味）という言葉があるように、適切な形でデータを取得・生成しなければ、適切な分析はできません。

まず、必要なデータを取得できていない場合、データ分析は不可能です。例えば、キャンペーンバナーの表示／非表示における画面遷移を分析したいとき、画面遷移のログに顧客IDが含まれていなければ、その分析はできません。テレビCMの放送時期に合わせようと、キャンペーン施策のリリースに一生懸命になってデータ取得の設計がおろそかになっていると、リリース後に「そういえばログを出していないから分析できない」と気付くことになります。

データを取得できていても、内容に誤りがある場合は是正しましょう。データ分析をしていると、不整合データを発見することがあります。例えば、顧客データを見ると購買回数が3になっているのに、購買履歴を見ると2件しか見つからないといった状況です。この場合、一時的に対処するにはデータウェアハウス層でクレンジングすることになるでしょう。詳しくは1-7節で解説します。恒久的な対応としては、データソースを修正するように働きかけましょう。

データソースに問題があるということは、データ分析だけでなく、別の関連業務（Webサイト表示、問い合わせ対応、請求金額の計算など）にも影響している可能性があります（図1-3）。上流の問題を下流でカバーしても、労力が余計にかかるうえに、問題の原因は解消されず、リスクを抱え続けることになります。**データの品質はデータソースで担保しましょう。下流（データ利用者）から上流（データ生成者）に対してフィードバックすることが重要です。**

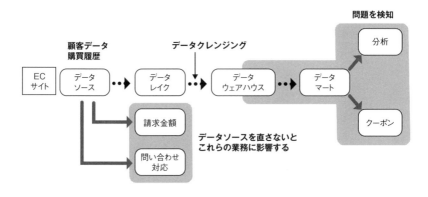

図1-3　データソースを直さないと予期せぬ影響が起きる

データの生成過程を知る

　データの生成過程を知り、ユースケースの目的を考えることで、どの
データソースを「正しいデータソース」として扱うべきか判断できるよう
になります。場合によっては、複数のデータソースを組み合わせなければ、
望んでいるユースケースを実現できないことがあります。例えば、ECサ
イトの「売上」を集計したいというユースケースの場合、「Webサイトの売
上データベース」と「銀行の入出金」のどちらを「正しいデータソース」と
すべきでしょうか。一見どちらでも問題なさそうに思えますが、そうでは
ありません。

　仮に「Webサイトの売上データベース」を正しいデータソースとする場
合、次のようなリスクをはらみます。数日間にわたるシステム障害が起き
て、Webサイト上で決済できなくなってしまったとしましょう。あまり考
えたくないことですがWebサイトを何年間も運営していると、このよう
なトラブルは起きるものです。この例では、顧客に振込口座をメールで案
内して、銀行振込で代金を支払っていただくような例外的な処理が発生す
るため、システム開発部門がデータベースで確認できる「売上」と、経理
部門が銀行の入出金で確認できる「売上」とでは、お互いに欠損が生じる
ことがわかります。このように「Webサイトの売上データベース」を「売上」
のデータソースにするだけでは不十分なのです。

　では「銀行の入出金」を正しいデータソースとする場合ではどうでしょうか。会計では発生主義と言って、お金が振り込まれた日ではなく、取引が成立したタイミング（購買日）で、売上を計上することが求められます。そのためには「顧客が商品を買った日」を把握しないといけません。また、顧客から個別に相談を受けて、カスタマーサポートスタッフが支払いの延長対応を行っていた場合など、例外対応によって購買日と振込日に差が生じることもあります。こちらも「売上」を示す正しいデータとは言えないことがわかります。

　このようにデータの生成過程から考えると「売上」を集計するのは容易ではありません。「Webサイトで購買意思を示した記録」「銀行の入出金記録」などの複数のデータソースを適切に組み合わせる必要があります。それぞれのデータソースの生成過程とユースケースの目的を把握したうえで、総合的に「売上」と呼べるデータの集計方法を組み立てることになります。

　本節ではデータソースについて解説してきました。データソースは水源です。水源が汚れていては、水を飲むことはできません。下流の品質は上流に依存します。安定したデータ基盤を構築するにおいてはデータソースの品質担保は絶対条件だと言えます。

1-3 データが生じる現場を把握して業務改善につなげる

データソースの詳細を把握する方法

　データの全体像を把握するには、前述のCRUD表が役に立ちます。データの現状把握に加えて、これから必要になるデータを想定するために使いましょう。CRUD表の詳細については前述したので割愛します。

　本節では、さらに個々のデータソースの詳細を把握するために、ERDの書き方を解説します。続いて、同じく現状把握に活用できる業務レイヤの書き方と、業務レイヤの明確化から業務改善の提案方法までを例示しながら解説していきます。最後にデータ生成が組織全体の改善に関わることについて考えてみます。

ERD（実体関連図）を書こう

ERD（Entity Relationship Diagram：実体関連図）はデータ同士の関係性を図示したものです[注4]。ECサイトの例では、商品、顧客、クーポン、購買履歴といったデータがあります。図1-4の購買履歴データには、どの商品を買ったのか（商品ID）、誰が買ったのか（顧客ID）、どのクーポンが適用されているのか（クーポンID）など、他のデータと紐付けるための情報（属性情報）が含まれていることがわかります。

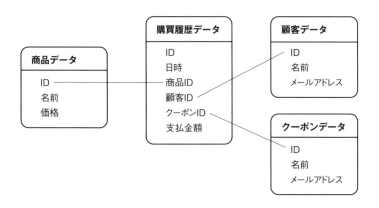

図1-4　ゆずたそストアのERD

　ご自身の担当事業において、すでにERDがあれば、時間を割いて読み込みましょう。まだERDがなければ、今後に備えて作成しましょう。テーブルを列挙し、関連するID同士を結ぶことで、ERDを作成できます。

　それぞれのデータは表形式（テーブル）で表すことができます。表1-2は商品データ（テーブル）の例です。列（カラム）に、商品ごとの識別子（ID）、商品の名前、商品の価格、の3つを確認できます。各行（レコード）はデータの内容です。「ID：10001」の商品名は「ゆずたそシャツ」で値段は「2,500円」です。

注4　本書ではERD作成をデータ把握の目的において利用し、ERDについての詳細については解説しません。

表1-2　ゆずたそストアの商品データ

ID	名前	価格（円）
10001	ゆずたそシャツ	2,500
10002	ゆずたそカレンダー	3,000
10003	ゆずたそ腕時計	520,000

　データソースを把握するときには「商品データがある」と認識するだけでは不十分です。ERDの詳細を読み込んで「商品データと購買データは商品IDによって紐付いている」「商品データにはIDと名前と価格が含まれている」など、データの詳細まで把握しておくことが重要です。なぜなら「価格と売上の関係を分析したい」と思ったときに「商品データには最新の価格しか掲載されていない」「過去の価格推移を考慮した分析ができない」といった問題に気付けるからです。

　問題を検知できたら価格推移を新たにデータとして記録するように働きかけましょう。この問題の予防策として、ECサイトの企画・開発時に「どのようなデータを記録するか」というログ要件を定めることが考えられます。すぐにデータソースを修正できない場合は、今あるデータを見渡して、ここでは「購買履歴データの支払い金額とクーポン割引から当時の商品価格を推定できるはずだ」という対応方針が検討できるでしょう。ただし、1-2節で述べたように、データソースで品質を担保できないと、本当の問題解決にならないことにご注意ください。

┃業務レイヤを書こう

　業務レイヤは筆者が考えた造語です。データ生成の現場をロール、オペレーション、アプリケーション、ストレージの4つの階層構造（レイヤ）に分解して整理します。エンタープライズ・アーキテクチャ（EA）という分野を参考にして、データ整備に使いやすいように筆者がカスタマイズしたものです。引き続きゆずたそストアを例に挙げ、データソースの生成現場を業務レイヤで整理してみます（表1-3）。

表 1-3　ゆずたそストアの業務レイヤ

	例1：サイトでの購入	例2：店舗やイベント向けの営業活動	
ロール	顧客	営業部スタッフ （例2-1）	営業部マネージャ （例2-2）
オペレーション	スマートフォンで商品を探して、購入ボタンをクリック	商談のメモを取る	毎週PCでチームの進捗を入力&報告
アプリケーション	ECサイト	紙の手帳	Excel(ソフトウェア)
ストレージ	データベース		共有フォルダの.xlsmファイル

　ロールとは作業を実施するヒトのことです。自動化されている場合は、ヒトの代わりにシステムがそのロールを担うこともあります。ECサイト「ゆずたそストア」にて世界的人気スター「ゆずたそ」のグッズを購入する場合（表1-3の例1）、グッズ購入者がロールに該当します。

　オペレーションとは、ロールがとる行動です。ECサイト（例1）では、顧客がスマートフォンで商品を探して購入ボタンをクリックするという一連の行動です。現場での行動をどこまで詳細に把握できるかが、そのままデータ仕様の詳細な把握に直結します。

　アプリケーションとは、ロールが行動する際に使う道具のことです。グッズ購入（例1）の場合は、ECサイトそのものがアプリケーションです。顧客はECサイトの購買ボタンをクリックすることで、ECサイトの向こう側にいる販売会社に対して「あなたの商品を買いますよ」と意思表明しています。手紙、電話、FAX、メールなどによる注文と同じように、Webサイトという道具を使って注文しています。

　ストレージとは、データを実際に保存する場所のことです。ECサイト（例1）での注文記録は、データベースに保存されます。ECサイトはそのデータベースから注文記録を参照して、顧客に過去の注文を表示します。

　アプリケーションとストレージを区別していることに注意してください。紙のメモ帳のようにアナログな媒体では、アプリケーションとストレージは同じことが多いですが、デジタルな媒体では区別されます。例えば、スマートフォンの「メモ帳アプリ」はヒトが操作するアプリケーションです。一方で、メモの中身（データ）が実際に保存されているのは、スマートフォン端末のストレージだったり、クラウドストレージと呼ばれるサーバです。

業務レイヤで課題の原因と改善案を考える

データソースの生成過程を業務レイヤに分けることで、現状と理想のギャップを確認できます。これを営業活動のモニタリングを例に挙げて解説します。ECサイトだけではなく、店舗運営やイベント開催を行っている法人に向けて、大量のゆずたそグッズを売り込む営業活動があると仮定しましょう。現状は「理想としては毎日モニタリングしたい」が「週に1回しかデータを更新できない」という状態です（表1-3の例2-1、2-2）。

例2-1では、営業部のスタッフがロールです。商談のメモを取るのがオペレーションで、紙の手帳がアプリケーションとストレージです。メモをとるために使う道具がメモ帳で、データはメモ帳に記録されるので、アプリケーションとストレージが同じものになります。

次に、例2-2を見てみましょう。営業部のマネージャ（ロール）は、スタッフの報告をもとにPCで週次進捗を報告します（オペレーション）。報告内容には注文状況が含まれるとしましょう。会社全体としては売上を分析するために必要なデータです。この報告は、Excel（アプリケーション）で作成し、データ本体は.xlsmファイルで共有フォルダ（ストレージ）に保存されています。アナログの情報をデジタルデータに変換し、共有することで、データをつないで活用できるようになります。

この例（2-1、2-2）では、週に1回しかデータを連携できません。「紙の手帳」にデータを保存していることと「週に1回PCで入力している」ことが、データ連携の頻度を決めています。この状況を業務レイヤに分解することで、営業活動のデータを日次でモニタリングするための改善方針を検討できました（表1-4）。

表 1-4　営業データを毎日モニタリングするための改善案

改善案	Pros	Cons
①入力システムの導入 （アプリケーションに注目）	（現場で定着すれば） 情報が充実	商談時間の減少、 利用料が高価
②アシスタントの採用 （ロールに注目）	業務が安定 （既存の延長）	組織投資、人件費
③OCRで自動化 （オペレーションに注目）	リアルタイムに反映	開発投資、OCR品質

　改善案①では「紙の手帳」ではなく「営業用の入力システム」（アプリケーション）導入を提案しています。営業部スタッフは紙の手帳に記載するのではなく、システムにデータを記録します。実際に商談を担当した本人が記入するので、他の改善案と比べて最も充実した情報を期待できます。一方で、最初はツールに慣れず、商談に割く時間が減るので、現場からの反発が予想されます。

　そこで、改善案②ではロールに注目して、アシスタントを採用し、手帳の内容をシステムに入力してもらうことを考えました。これまでやってきた作業を同じように行うので、現実的に機能しそうです。一方で、アシスタントスタッフの採用・育成・人事評価といった組織的な投資が必要になります。

　同様に、改善案③では入力業務というオペレーションを改革するために、OCR（文字認識）の技術を活用して、手帳の文字をシステムで読み取ることを検討しました。商談中は手帳に書いて、商談後にスマートフォンでメモの写真を撮って送るだけでリアルタイムなデータの更新を期待しています。一方で、そのシステムをつくるための開発投資が必要だったり、OCRの精度が低いと使い物にならないかもしれません。

　このように、4つの業務レイヤに分解してデータの生成過程を把握することで「レイヤごとの具体的な変更箇所」「改善案の良い点・悪い点」などを分析できるようになります。本節では「データを毎日更新したい」という案件を考えましたが「誤入力を減らしたい」といった案件でも、同じように課題と改善案を考えることができます。

■ 組織の枠を超えてデータ生成の現場を考えよう

　データ生成過程について業務レイヤを書き出し、課題と改善策を検討していく中で、ステークホルダー間の利害の対立が課題にあがります。

　データに関する問題を検知できるのはデータ活用者で、問題を解消できるのはデータ生成者です。この間に利害の対立が現れます（図1-5）。例えば、営業スタッフはデータを入力するよりも商談に力を注ぎたいと考えています。彼らの人事評価は、データを丁寧に入力したかどうかではなく、商品を売った金額で決まるからです。そのためには目の前にいる顧客の満足度を高めることに専念したいと考えます。一方で、分析部門はデータを

もとに営業戦略を分析することが使命です。全体のデータを見ることで、効率的に顧客満足度を向上したいと考えているため、営業スタッフからのデータが丁寧に入力されていないと業務に支障があります。このように最終的に目指すところは同じであっても、現場では利害対立が生じます。このような課題を突破するためには、組織の枠を超えて、改善のしくみをつくらないといけません。ここではこの解決策について考えてみます。

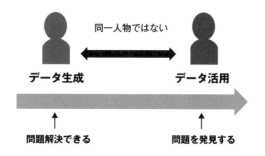

図1-5　データ生成者とデータ活用者の関係性

　解決策の1つめは組織が「課題に気づく」状態をつくることです。利害関係のある部門間でフィードバックの機会を設けると次のようなデータ活用が進む組織づくりにつながります。

→データ生成者が他部門に「あなたの部署でこのデータを活用できないか」と相談する

→データ活用者がデータ生成者に「わたしの部署でこういうデータを使いたい」と相談する

→理想と現状のギャップに気付いたら、ERD（データの持ち方）や業務レイヤ（データのつくり方）を再設計する

　例えば、分析部門と営業部門が定期的にミーティングを行い、営業戦略について議論する場があると、問題を検知できるようになります。今月の活動を振り返ったときに「せっかく良い取り組みをしていて顧客から好意的な声も出ている」「ECサイト運営部門にも成果を報告したいけどデータが入力されていないから資料をつくれない」といった会話ができると理想です。

　解決策の2つめは「解決したいと思える」状態をつくることです。インセンティブ設計を見直しましょう。データ生成者が、データ活用者にとって好ましい行動をとりたくなる状況が必要です。例えば、営業のデータ入力の場合であれば、データを正確に入力しなければ、成果にカウントされない、人事評価にマイナスに影響するといったルールを徹底している現場もあります。

　解決策の3つめは「簡単に解決できる」状態をつくることです。データ生成におけるUX（ユーザ体験）のデザインが必要です。自然に業務を進めるだけで、いつの間にか適切なデータが入力されている状況が必要です。どれだけ人事評価につながったとしても、データを入力しにくいシステムを使っているようでは、入力作業は進みません。例えば、取引先の情報を入力するときに「自分で法人番号を調べて記入する」システムと「社名を入力するとシステムが自動で補完して提案してくれる」のとでは、後者の方が高品質なデータ入力が期待できるでしょう。

　ちなみに「いかにアナログな業務をデジタル化するか」というのは多くの企業が抱えている課題で、根本的にはこの問題と向き合うことになると筆者は考えています。営業スタッフが商談のメモを手帳に書いているようではデータを活用することはできません。

- Salesforceのような外部ツールを導入する
- 専用の自社アプリを開発する
- （どうしても営業現場を変えることができないのであれば）営業スタッフがスマートフォンで手帳の写真を撮ってメールで送り、サポートスタッフが代理でデータ入力する

ここまでやって初めて真のデータ整備だと言えます。

1-4　データソースの整備ではマスタ・共通ID・履歴の３つを担保する

データ整備で問題を解決しよう

　データが存在しなければ、データ活用が進まないのは当然です。優秀なデータサイエンティストを採用しても問題は解決しません。高度なテクノロジーやアルゴリズムを導入しても問題は解決しません。このような状況を打開するには、データソースを整備することが重要です。

　データソースの中で特に問題になりやすいのが「マスタ」「共通ID」「履歴」です。筆者が支援した多くの現場では、これらのデータが生成されていませんでした。これらのデータソースの品質を担保しましょう。それぞれ解説していきます。

マスタデータを生成しよう

　ECサイトでグッズを販売するにあたって、同じような商品ジャンルにもかかわらず「食器」「食事」「キッチン」「カトラリー」「ランチ」など、スタッフによって入力内容が異なる場合があります。これではジャンル別で売上を分析するとき、どのジャンルとどのジャンルが同じものを指すのかを判断しなければいけません。同様に、法人営業の取引先企業の業種についても「飲食店」「飲食業」「レストラン」など、入力者によってデータのバリエーションが生じることがあります。

　このような問題が発生するのは、各部門が独立して業務にあたっているためです。グッズの製造元や輸入元によって部署が別れている場合、各部署ごとに異なる製造・調達のマニュアルを持っていて、データ入力についても異なる内容が記載されているのかもしれません。あるいは、デジタルマーケティング部門が、検索エンジンの上位表示をねらうために、Webサイトに多くのキーワードを表示させようとして、バリエーションを意図的に増やしているかもしれません。

　この問題を解消するには、**部署横断のマスタデータと業務手順書を機能**させることです。上記の例であれば「ジャンル」や「業種」の一覧をマスター

データとして管理し、社内に周知します。1-2節で前述した「駅・路線」「市区町村」といったデータも、マスタデータとしてよく扱われます。この取り組みは、1つの部門だけで推進しようとしても、なかなか全員の足並みが揃わないものです。データソースを生成している各部門の担当者が集まってタスクフォースを組むように働きかけるのがよいでしょう。導入時には、現場のスタッフが入力業務で困らないように手順書を案内して、そのとおりに入力されているかをチェックできると安心です。

▌共通IDを生成しよう

　ECサイトで販売している「ゆずたそ自家製梅酒」とは別に、町おこしのリアルイベントで地域コラボ商品「紀州ゆずたそ柚子梅酒」を限定販売しているとしましょう。両者は別の商品ですが、リアルイベントの商品一覧・注文書には「ユズタソウメシュ」としか記載されていませんでした。スタッフが勘違いしてデータ入力すると、異なる商品なのに同じ商品として集計されてしまうかもしれません。反対に、同じ商品なのにカタカナ表記だから商品名が一致せず、別々に集計してしまうかもしれません。このような商品は数点であっても業務に支障をきたしますし、やがて数万点にまで増えると、もはや人力で修正するのは困難です。

　この問題を解決するためには、**全社共通の商品IDを導入する**ことが考えられます。部門Aと部門Bがそれぞれで商品IDを付与してしまうと、会社横断で集計できません。IDは全体最適の視点で付与しましょう。

　ECサイトの担当者の視点で共通商品IDを発行すると、「ECサイトに掲載される商品しかデータベースに登録できない」「オフラインイベントの限定商品には商品IDを発番できない」という仕様になってしまうかもしれません。今回のユズタソウメシュの例では、和歌山営業部の企画をシステム開発部がチェックする、あるいは和歌山営業部が企画段階でシステム開発部に相談するといった働きかけが必要です。

　全社共通IDの導入に際して、インセンティブ設計に注意が必要です。ECサイトの担当部署の場合、ECサイトの改善だけが自分たちの人事評価に連動していると、ECサイトの改善を優先せざるを得なくなり、共通ID発行に労力を割けません。特にオフラインイベントの売上シェアが低い場

合は、IDを共通化するよりも、ECサイトを改善した方が会社全体にとってメリットがあると言えます。オフラインイベントの売上シェアが高まるのに合わせて、データソースの品質向上に投資することになるでしょう。

履歴データを生成しよう

　ECサイトで商品の説明文を書き換えるときに、過去の説明文を保存せずに上書きしていたとしましょう。顧客が閲覧するECサイト上の画面では、最新の商品説明文だけを表示すれば十分だからです。開発部門では「itemsテーブルのdescriptionカラムをupdateする」という会話をしているかもしれません。商品説明文を上書きする運用は、このWebサイトだけで考えると自然な意思決定に思えます。しかし、これは典型的なアンチパターンです。データを上書き・削除してしまうと、過去のデータが必要になったときにやり直せないのです。そのリスクを負う積極的な理由がなければ、履歴は残しましょう。

　履歴が必要になるのは、データ分析部門、カスタマーサポート部門、リーガル部門といった他部署の業務です。

　データ分析の視点で履歴は重要です。ある商品の販売数が急に増えたり減ったりしたときには、説明文を変えたから売れたのか、曜日や天候による影響なのか、事象を切り分けてデータを確認します。また「どのような説明文だと購買につながらないか」「どのような説明文だと購買につながるか」といった分析は、ECサイトの改善には不可欠です。商品の説明文を更新するときに、過去の説明文を記録しておかないと、このような分析を諦めることになります。

　問い合わせ対応の観点でも履歴データは重要です。顧客が購入したときに「カラー：グレー」と記載されていたのに、数日後に上書きされブラックが手元に届いたらどうでしょうか。悪意があったわけではなくとも、偶然が重なって、そういった事態が発生するかもしれません。そのとき商品説明文の履歴データが残っていなかったら、顧客から問い合わせを受けても、サポートスタッフは当時の状況を確認できません。消費者保護の観点からも、法令やガイドラインによって履歴の保存が義務付けられているケースがあります。

　履歴を残す方法として、筆者は図1-6のような非正規化を行っています。履歴データと最新データの両方を保持するように設計します。顧客が閲覧する商品説明ページでは、商品テーブルを参照して、最新情報だけを表示します。一方で、問い合わせ対応のための管理画面では、編集履歴テーブルを参照します。わざわざテーブルを分離するのは、システムパフォーマンスを考慮してのことです。他にも、Yoshitaka Kawasima氏が提唱するイミュータブルデータモデル[注5]という設計手法では、上書き（UPDATE）を減らすための指針を示しています。

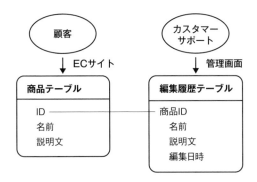

図1-6　履歴データは業務遂行の観点で必要になる

　1-4節で解説したマスタデータを用意するときも、履歴を残すことが重要です。例えば「駅・路線」は開設・閉鎖されることがあります。社内独自のマスタデータも同じです。過去のデータを参照できるように保存しましょう。履歴がないと「この値はいつから使っているのか」といった調査や分析ができなくなります。マスタデータは更新・削除するのではなく、次のバージョンのデータを追加するのがよいでしょう。

　さて、1-2 〜 1-4節まではデータソースの整備に焦点をあてて解説してきました。次節からはデータ基盤の各コンポーネントを利用する際のポイントについて解説していきます。

注5　https://www.slideshare.net/kawasima/ss-40471672

1-5　データレイク層の一箇所に　データのソースのコピーを集約する

データレイク層とは何か

　本書におけるデータレイク（Data Lake）層[注6]とは、元のデータをコピーして、1つのシステムに集約したものを指します。データソース（＝水源）から流れてきたデータを蓄える場所なのでレイク（湖）と呼びます。

　ECサイトの注文履歴データを、分析用DBにコピーしている場合、それがデータレイクと言えます。データレイクのデータは、データソースと一対一の関係にあります。何も加工していない、ただのコピーだからです。

　何も加工していない、ただのコピーであることが重要です。仮にデータの中身に誤りがあったとしても、修正や加工をせず、そのまま集約しましょう。

どのようにデータレイクをつくるか

　データレイク層のシステム構築については第2章を参照してください。オブジェクトストレージと呼ばれるシステムにファイル形式でデータを置くか、データウェアハウス製品という分析用DBに取り込むか、どちらかの方法をとることが多いです。

　データソースからデータレイクへとデータを転送する方法についても、第2章を参照してください。主にETL（Extract：データ抽出、Transform：データ整形、Load：データ出力）ツールと呼ばれるソフトウェアを活用することが多いです。

　データがデジタル化されていない場合は、データ収集の業務を構築する必要があります。例えば、データソースが紙の帳票・書類を考えると、アシスタントスタッフがキーボードでデータを入力したり、スキャナで取り込んで画像ファイルとして保存することになるでしょう。

注6　一般的なデータ基盤では、各「層」にさまざまなツールを組み合わせて利用し、1つのツールで複数の層を担うことも考えられます。本書ではデータ基盤の役割を「層」として表現します。

現場で生じるデータレイク層の課題

「データレイクがデータレイクになっていない」ことで問題が起きます。ここで行うことはシンプルです。一箇所にデータをただコピーするだけです。データをただ左から右に持ってくるだけなのに、現場では以下で紹介するような力が働くことがあります。

1つめは、元のデータをそのままデータレイクにコピーせず、分析用に集計してから連携してしまうケースです。「同じデータをコピーするだけならITインフラのコストの無駄だ」「元データのままでは使いにくいはずだ」と考えてのことです。しかし、たとえ初期段階ではデータ活用者が「この加工方法で問題ない」と合意しても、データ活用が進むうちに「こういった観点でもデータを分析したい」と考えが変わり、問題に発展します。例えば、「月単位で売上を見れば十分だ」と考えて、月単位で集計したうえでデータレイクにデータを転送していたとしましょう。しかし、扱うグッズの種類が増えて、曜日単位の分析が必要になった場合、月単位のデータしか取得できず必要な分析を実施できません。

また「加工後のデータでは使い物にならない」とわかったときに、「元データが間違っているのか」「データ基盤に取り込むところで加工されているのか」を切り分けるために調査します。加工の問題だとわかったら「元データの通りにコピーしてほしい」と依頼して、データを取り込み直すことになります。余分に労力を費やすくらいなら、余計なことをせずに、最初からコピーだけしておいた方が効率的です。

2つめは、複数箇所にデータレイクをつくってしまうケースです。データレイク（湖）が各所に散在するので、筆者は皮肉を込めて「湖水地方」パターンと呼びます。この場合、データ活用者は混乱します。基盤Aにはデータ1がコピーされているのに、基盤Bにはデータ1はコピーされていない。基盤Aのデータ2と、基盤Bのデータ2の数値が一致しない。これでは安心してデータを活用できません。また、データソースの修正が発生した場合はすべてのコピー箇所で同じような修正対応が必要になりますし、誤ってデータに個人情報が含まれていた場合はすべてのコピー箇所で利用停止の手続きを行うことになります。

▌なぜデータを一箇所に集めるべきか

　データレイクは部署横断で複数のデータを集約する場所です。部署・システムを横断してデータを活用することで、顧客体験やビジネス価値を向上できるようになります。

　例えば、集客部門とカスタマーサポート部門が、Excelでそれぞれの部門ごとにデータを管理していたとしましょう。集客部門は、キャンペーンやクーポンの発行情報といったデータを持っています。ここでカスタマーサポート部門に顧客からキャンペーンに関する問い合わせが寄せられてもデータが集約できていなければ満足できる回答はできないでしょう。

　データ活用が進みデータを統合できるようになると、それまではわからなかった次のような事実が可視化されます。

- 「クーポンをきっかけに流入した顧客はすぐ解約してしまう」
- 「クーポンで流入した顧客のサポートに労力を費やしていた」
- 「トータルで見るとクーポン配布キャンペーンは他施策に比べて投資対効果が低かった」

　クーポンではなく別の施策に注力すべきだったのです。

　データを集約することで、このような部署横断のデータ活用が容易になります。データの置き場が分散している開発現場を考えてみましょう。データがどこにあるのかを1つ1つ探し、データの利用申請を行い、データ取得のシステム要件を定めて、開発を行うことになります。100のユースケースで100のデータソースを参照すると、100 × 100 = 10,000のやりとりが生じます。たいていの場合、それだけの労力を払えないため、部門横断のデータ活用は諦めてしまうことになります。

1-6　データウェアハウス層では分析用DBを使って共通指標を管理する

データウェアハウス層とは何か

本書におけるデータウェアハウス（Data Warehouse）層とは、共通指標となるデータ、ならびにそのデータの置き場を指します。複数のデータを統合・蓄積して、意思決定に活用できるように整理したデータが置かれます。大量のデータを意味ある形で管理することからウェアハウス（倉庫）と呼びます。

例えば、複数のデータソースに散在した顧客情報を「ユーザID」で紐付けた「分析用の顧客テーブル」を用意しているなら、それがデータウェアハウスだと言えます。同様に、自社ECサイトだけでなく、外部のWebサイトやオフラインのイベントで同じ商品を販売している場合、それらのデータを組み合わせて「売上」という横断の指標（共通指標）を集計します。

第2章で解説しますが、データウェアハウス層のデータは、分析用DB（特にデータウェアハウス製品と呼ばれるもの）で集計・管理することが望ましいです。ExcelやGoogleSpreadsheetのような表計算ソフト、TableauやRedashのようなBIツール（Business Intelligence Tool：ビジネスの意思決定に寄与するデータ分析ソフトウェア）ではなく、専用のデータベースで共通指標を管理しましょう。なぜ分析用DBを使用するかについては本節の最後に解説します。

なぜ共通指標を集計すべきか

データウェアハウス層では共通指標を集計します。部署ごとに独自の指標を集計してしまうと、部署横断のデータ活用は進みません。**横断的な指標についてはSSOT（Single Source of Trust：信頼できる唯一の情報源）として、一箇所で定めておくことが重要です。**

ECサイト「ゆずたそストア」の運営会社では、部門ごとに「売上」の数字が異なっていました。一言で「売上」と言っても、次のような考え方や用途によって定義は変わるので、それもそのはずです。

- 消費税を含むのか
- 割引分はどこで差し引くのか
- 年間契約プラン「ゆずたそ定期便（一括払い）」は月次で按分するのか
- 按分する場合は途中解約をどこに計上するのか
- 返金はあとで一括で差し引くのか、購入時にさかのぼって差し引くのか

　自部門の視点で「おそらくこれが売上だろう」と想像して定義すると、他部門の「売上」と乖離が発生します。経理部門の立場では、消費者から預かった消費税を税務署に申告・納付しないといけないので「売上」と「消費税」を分ける必要があります。一方で、Webサイト運営部門の立場では、Webサイトの利用者が「支払い総額」を過不足なく決済できることが大事なので「消費税込みの合計金額」に注目して仕事をしています。

　各部門が報告する「今月の売上」が異なると、経営層は経営判断を行えません。小さな違いが積もると、「本当にこの数字は合っているのだろうか」と疑心暗鬼に陥り意思決定どころではありません。必要なのは部門横断の共通の「売上」です。各部門でモニタリングするときに「売上」という指標を各部門が独自に定義すると、弊害が生じてしまいます。

なぜ分析用DBで共通指標を集計・管理すべきか

　共通指標の集計・管理は分析用DBで行いましょう。分析用DB（特にデータウェアハウス製品と呼ばれるもの）は他のツールから参照されることを前提につくられていますので、さまざまなユースケースで用いられるツールと適切に連携できます。

　一方で、ExcelやGoogleSpreadsheetなどの表計算ソフト、TableauやRedashなどのBIツールは、基本的には他のツールから参照されることを前提につくられていません。表計算ソフトやBIツールで共通指標を管理すると、多様なユースケースに対応できなくなってしまいます（図1-7）。

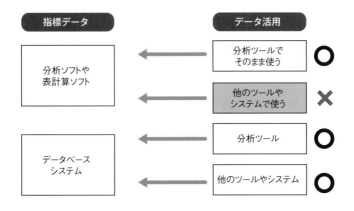

図 1-7　共通指標の置き場によって対応可能なユースケースが変わる

　ECサイト「ゆずたそストア」の経営管理部門は、高機能なBIツールを導入して、そこですべての主要な共通指標を集計できるように整備しました。経営陣はBIツールでダッシュボードを確認して、経営判断に活用しています。BIツールのカンファレンスでも成功事例として紹介されました。一見すると順風満帆のように思われました。

　ところが、ソフトウェアエンジニアがレコメンド機能を開発するときに問題が起きました。レコメンド機能では、ECサイトの訪問者に合わせておすすめの商品を表示します。どの顧客に対してどの商品をおすすめすると売上を伸ばせるかを予測する機能です。予測するためには「顧客の情報」「顧客が見ている商品の情報」「顧客ごとの売上」「商品ごとの売上」といったデータが必要です。「売上」に関する計算方法やデータは、経営管理部門が使っている共通指標を使いたいと考えました。

　「売上」はBIツールで集計されています。「売上」の集計ロジックやデータは、BIツールの独自フォーマットで、BIツールの独自環境に保存されています。レコメンドのシステムからBIツール上のデータを参照するのは困難だったため、BIツールとは別に、レコメンドのシステムから参照できる場所に「売上」データを新しくつくることになります。最終的には、異なる場所でそれぞれの業務に都合のよい「売上」を管理することになります。これでは残念ながら前述した「部門ごとに売上の数字が異なっている」という状況に陥るでしょう。

　「売上」などの主要な共通指標は、各部門が表計算ソフトやBIツールで集計するのではなく、部門横断で分析用DBに「売上」データを用意してください。その指標が重要であるほど、社内の複数のツールから参照されることになります。BIツールはデータ可視化の強力なツールではありますが、共通指標の集計には向きません。他のツールから参照されることを前提につくられているということが分析用DBを使う理由です。

1-7　共通指標は本当に必要とされるものを用意する

▌どのようにデータウェアハウス層をつくるか

　本節ではデータウェアハウス層の役割と手順を解説します。データウェアハウス層では、データクレンジングのあとに、加工や集計を行ってスタースキーマと共通指標を作成して管理します（図1-8）。

- **データクレンジング**：欠損埋め、重複削除、名寄せなど
- **スタースキーマの作成**：例えば購買履歴（ファクト）＋購買日時（ディメンション）のスキーマなど
- **共通指標の集計**：例えば月次売上など

　2-16節で紹介するワークフローエンジンなどのツールを用いて、定期的に一連の集計プログラムを実行します。集計が完了したら、集計結果のデータを保存します。多くの現場ではこの方法で十分にデータを管理できます。

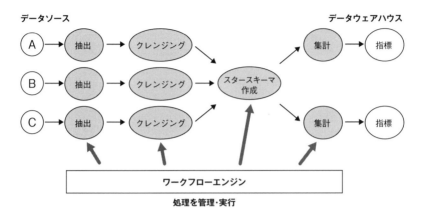

図1-8 データウェアハウス層の作成手順

注意点としては、1日数千万人の利用者がいるような大規模システムの場合、この方法が使えません。複数のデータソースをつなげたり、何度も集計処理を実行すると、処理するデータ量が多すぎて、パフォーマンスやコストの観点で弊害が生じます。

▌手順①：データクレンジングの実施

データウェアハウス層では、最初に**データクレンジング**を行います。集めたデータに欠損や重複がある場合や、オリジナルのデータでは複数のデータソースをつなげない場合、データを利用可能な状態へと修正する必要があります。この加工処理をデータクレンジングと呼びます。データを直さないと誤った分析結果を招いてしまいます。

購買データベース

日付	購入者	購入商品	合計金額	割引ID	支払金額
2021-06-15	ゆずたそファン	ゆずたそささやきボイスCD	2,980	000123	1,980

割引キャンペーン（クレンジング前）

ID	キャンペーン名	開始日時
122	初回割引5月分	2021-05-01
123	null	2021-06-01
123	null	2021-06-01
124	初回割引7月分	2021-07-01

割引キャンペーン（クレンジング後）

ID	キャンペーン名	開始日時
000122	5月分	2021-05-01
000123	6月分	2021-06-01
000124	7月分	2021-07-01

図1-9　割引キャンペーンのデータクレンジング

　図1-9は割引キャンペーンに関するデータクレンジングの例です。管理ツールのデータベースに「ID：123」「キャンペーン名：null」「開始日時：2021-06-01」「終了日時：2021-06-30」というレコードが2件あったとしましょう。

　キャンペーン名の「null」は欠損を意味します。他のレコードを見ると「キャンペーン名：初回割引5月分」や「キャンペーン名：初回割引7月分」の記載が確認できます。「初回割引6月分」の入力漏れと推察されるので、値を埋めましょう。誤って2件のデータをつくってしまっているようなので、レコードは1件だけ抽出しましょう。また、購買データベースでは「割引ID：000123」と記録されているので、キャンペーンの「ID：123」と表記が一致しません。同じIDを指していることをシステムが判断できるように名寄せして「000123」に修正する必要があります。

　このようなデータクレンジングの処理は、理想としてはデータ基盤で行うのではなく、大元のデータソースを修正すべきです。前述したように、データソースに誤りがある場合、データ分析だけではなく、他の業務にも影響するからです。すぐにデータソースを修正できない場合は一時的な対応策として集計時にデータクレンジングを行うことになるでしょう。

　1-6節の繰り返しになりますが、データレイク層でのデータ修正は推奨

しません。データウェアハウス層でクレンジングを行います。

手順②：スタースキーマの作成

次に、クレンジング済みのデータを使って**スタースキーマ**をつくります。データウェアハウス層では「分析用の顧客テーブル」のように、横断でデータを管理することになります。その代表的な手法がスタースキーマです。

星型（スター）でデータ構造（スキーマ）を表現できることから、スタースキーマと呼びます。類似の設計手法として、雪の結晶を模したスノーフレークスキーマがあります。これらの設計手法を総称してディメンショナルモデリングと呼びます。本節ではスタースキーマを採用しますが、いずれも基本的な考え方は同じです。

スタースキーマでは、ファクトテーブルとディメンションテーブルを組み合わせます。例えば「ECサイト」と「店頭POS」のデータを統合すると「購入履歴」のデータをつくることができます（図1-10）。

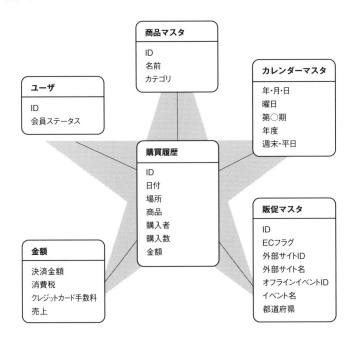

図 1-10　購買履歴を表現したスタースキーマ

　ファクトテーブルとは、関心対象となるイベントの発生ごとに1レコードで表現したデータです。ECサイトで1人の顧客が1つの商品を購入したら「購入履歴」に1レコードが追加されます。ファクトテーブルの1レコードは、分析の最小単位となる粒度を設定しましょう。一度の決済で複数商品を購入した場合は、商品ごとにレコードを分割します。

　ディメンションテーブルとは、分析の切り口となる属性値です。「購入履歴」であれば「購入日時」「購入金額」「購入者」といった属性情報が紐づきます。ECサイトだけでなく、オフラインの店舗でも販売しているのであれば「購入場所」を属性情報として付与します。7W3H（いつ、どこで、誰が、何を、なぜ、誰に、誰と、どのように、どのくらい、いくらで）の形で、属性を洗い出すことができます。

　「ECサイト」や「店頭POS」の各システムが持つデータベースには、それぞれのシステムが機能要件を満たすためのデータが格納されています。それらのデータを統合し、ディメンショナルモデリングを行うことで、個々の役割に閉じずビジネス全体にとって意味のあるデータを表現できます。

手順③：共通指標の集計

　スタースキーマを用いて、**共通指標**を集計します。ECサイトの人気商品を月次でモニタリングするには「購入履歴」について「年月」「商品」「場所」といった切り口（ディメンション）で「売上」や「購入数」を集計します。これらの共通指標によって、以下のような月次モニタリングが可能になります。

- 調達部門は商品ごとの月次売上をモニタリングして追加発注を行う
- ECサイト部門はECサイトの月次売上をモニタリングして販売促進の施策を打つ
- 店長は店舗の月次売上をモニタリングして販売促進の施策を打つ、あるいはECサイトで人気の商品を店頭にポップアップする

　部署によって用途が異なるデータは1-8節で解説するデータマート層で管理しますが、「売上」や「購入数」のような部署横断の共通指標は、データウェアハウス層で管理することを推奨します。

▌初期段階ではデータウェアハウス層をつくらない

　現場で生じる問題として「早すぎる最適化」を挙げることができます。バラバラに集計するよりも、類似処理を一箇所にまとめる方が効率的なので「早期にデータウェアハウス層をつくろう」と考え、データ活用が進んでいないにもかかわらず、いきなりデータウェアハウス層をつくってしまうケースです。

　データウェアハウス層の設計者とデータの利用者の距離感にもよりますが、このようなケースでは最初から期待する結果を得られません。「自社にとっての共通指標とは何か」がわからないまま、「おそらくこういう指標が使われるだろう」という想像にもとづいて設計することになります。実態にそぐわない共通データができあがってしまい、現場で使われません。

　本書ではデータの流れの順番で説明していますが、データウェアハウス層の設計に着手するのは、データマート層が使われるようになったあとにしましょう（図1-11）。「データソース→データレイク」「ユースケース→データマート」のように、先に両端を充実させてください。最初にデータマート層をつくるときはデータレイク層を直接参照します。**データ活用施策を成功させて「これこそが共通指標だ」と言えるものが明らかになってから、データウェアハウス層をつくりましょう。**最初から完成形をつくろうとするのではなく、段階的にシステムを進化させましょう。

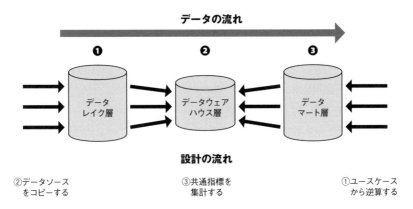

図1-11　データウェアハウス層をつくる順番

1-8 特定用途に利用するデータマートはユースケースを想定してつくる

データマート層とは何か

　本書におけるデータマート（Data Mart）層とは、「特定の利用者」「特定の用途」向けに加工・整理したデータ、ならびにそのデータの置き場を指します。すぐに使える完成品を取り揃えていることからマート（市場）と呼びます。**データマート層は用途（ユースケース）と一対一の関係にあります。**

　例えば、データウェアハウス層の「購買履歴」データをもとに「毎週のジャンル別の売上」を集計している場合、その集計データの置き場がデータマート層に該当します。「各ジャンルの商品担当者が週次で売れ行きをモニタリングする」というユースケースを実現します。

　データウェアハウス層を設計できるほど業務知識が体系化されていない場合は、データレイク層を参照してデータマート層をつくることをおすすめします。データマート層が充実するにつれて、似たような集計が重複するようになり「何がビジネス全体における共通指標なのか」が見えてくるはずです。同様に、あるデータについて「データウェアハウス層に置くべきか」「データマート層に置くべきか」を判断できないときは、時期尚早なのでデータマート層に置きましょう。

なぜユースケースごとにデータを管理すべきか

　ユースケースごとにデータを管理するメリットは以下の3点です。

　1つめの理由は、影響範囲を制限できることです。ユースケースと一対一の関係にあるため、他部門・他用途への影響を気にせずに、集計ロジックをアップデートできます。新しいデータソースのデータを使う場合や、新しいユースケースを実現する場合は、特に不確実性が高いため、安心して試行錯誤できる環境が必要です。

　2つめの理由は、集計ロジックを再利用できることです。過去のデータ活用と似た業務が発生したときには、似たような集計ロジックが必要になります。ユースケースごとにデータを管理しておくと、既存の集計ロジッ

クを参考にできるので、必要な集計ロジックを素早く組み立てられるようになります。

　3つめの理由は、システムの応答時間が速くなることです。ダッシュボード画面を表示するたびに複雑な集計処理が必要になると、データを確認するまでに何分も待たなくてはいけません。事前に複雑な集計処理を済ませておくと、集計結果を表示するだけなので、すぐにデータを確認できます。

　データ利用者の視点に立つと「試行錯誤が容易になること」「過去のロジックを再利用できること」「システムの応答時間が速くなること」は、いずれもリードタイムの削減につながります。データマート層があることで、データ利用者が「データを利用したい」と希望してから、実際にデータを利用するまでの時間を削減できます。

どのようにデータマートをつくるか

　データマート層の作成手順を図1-12に示します。まず、データレイク層とデータウェアハウス層のデータを抽出し、集計を行います。ワークフローエンジンが、これらの集計処理（ジョブ）を実行するように指示します。

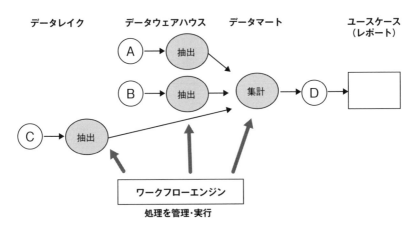

図1-12　データマート層の作成手順

　例えば、部門の担当ジャンルについて、商品の売れ行きを毎週モニタリ

ングするとしましょう。「飲食系」や「アクセサリー系」でグッズの担当部門が別れています。それぞれの部門が「〇〇月までに売上〇〇円を達成する」といった目標数値を持ち、販売促進のために施策を打ちます。このとき「週次×〇〇ジャンル×売上」といった形で指標を組み合わせて集計し、データマート層にデータを保存します。そのデータをBIツールで可視化し、毎週のミーティングで参照します。

　次のような構成をとっていれば、あるデータの変更がどのユースケースに影響を与えるのかが明確になります。

- データソースとデータレイクが一対一の関係にある
- データレイクとデータウェアハウスとデータマートの依存関係が1つのワークフローエンジンで管理されている
- データマートとユースケースが一対一の関係にある

　またデータウェアハウス層の生成とデータマート層の生成は、1つのワークフローエンジンで実施しましょう。集計ロジックの依存関係を把握しやすくなります。

┃ 現場で生じるデータマート層の課題とその解決法

　主に「メンテナンス難」という問題が生じます。部署別・用途別に特化しているため、個々のデータマートにガバナンスが効きにくいと言えます。具体的には「データマートが多すぎる」「ツールが分断される」といった2つの問題が起きます。それぞれ解説します。

　1つめは、データ活用が進んでいる組織で見られる、データマート層の肥大化です。クーポン配信などのデータ活用施策を次々と実施し、そのたびに担当者がデータマート層のデータを次々とつくるからです。結果として、役目を終えたデータマートが放置され、似たような集計ロジックが散在してしまいます。過去の集計ロジックを参考にしたせいで、誤った分析結果を招いてしまうといったトラブルを招きます。

　この問題の解決策として、クリーニングのしくみを組織横断で担保しましょう。データマートの利用状況やデータの依存関係は、1-11節で解説す

るメタデータで確認できます。利用が減ったデータを検知し、依存関係を確認して、不要になったデータマートを削除しましょう。各部門は、横断のメンテナンスにインセンティブを持たないため、データ基盤全体の管理者であるデータスチュワードが旗振り役になるのがよいでしょう。データスチュワードについては1-13節で解説します。

　BIツールや表計算ソフトがデータマートの役割を果たすことがあります。前述の例では「週次の○○ジャンルの売上」という指標を分析用DBではなく、BIツールや表計算ソフトで集計するケースです。このとき、集計ロジックがそれぞれのツールに分散し、データの依存関係（メタデータ）を横断で管理できなくなるといった分断が起こります。これが2つめの問題です。結果として、何が共通指標（データウェアハウス層）で、何が個別指標（データマート層）か判断できなくなります。さらに部署ごとに売上が異なるといったトラブルを招きます。

　この問題が生じた場合、解決策として、データマート作成時に2つのステップを経るように利用者に案内しましょう。第1ステップとして、最初の試行錯誤はBIツールや表計算ソフトで行います。各部署にとって使いやすいツールで試行錯誤してもらいます。第2ステップとして、データ活用が運用に乗ったら、集計ロジックをSQLに書き換え、定常的に実行できるようにワークフローエンジンに組み込みましょう（図1-13）。

　1. アナリストがBIツールや表計算ソフトで集計ロジックを模索する
　2. ロジックを取り込んで、データマートに反映する
　　（使わなければ、除去・クリーニングする）

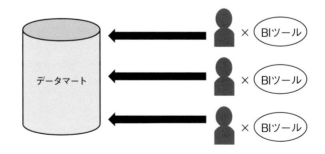

図1-13　集計ロジックをデータマートに取り込む流れ

1-9 ユースケースを優先的に検討し ツールの整備を逆算する

ユースケースとは何か

　本書ではデータ基盤の用途をユースケースと呼びます。ユースケースの例は無数に挙げることができます。EC サイト「ゆずたそストア」で考えるだけでも、以下のようなさまざまな施策を実施できます。

- 顧客数、売上高、在庫、販売数、仕入数、仕入原価、広告コストのモニタリング
- EC サイト閲覧から購入完了までの利用ファネルの可視化
- 法人販売チームごとの商談開始から契約完了までの営業ファネルの可視化
- 新機能開発による効果の見立てや、AB テストによる効果の計測
- 機械学習による商品のレコメンド
- 公序良俗に関する商品レビュー（迷惑投稿）の自動検知
- 顧客からの問い合わせの傾向分析
- 問い合わせ受信から対応完了までの時間（リードタイム）の推移の可視化
- 広告配信や検索結果の最適化
- インフォグラフィック（統計情報の可視化）を駆使したプレスリリース
- EC サイトが表示されるまでの時間（レスポンスタイム）の把握と障害検知
- 障害発生時に影響の対象となる顧客数の調査

　ビジネスとデータは不可分です。筆者は多様なデータ活用案件に関わる中で、常々そう思います。あらゆる部署のあらゆる業務において、データ活用のチャンスがあります。現状と理想のギャップを把握して改善アクションを促したり、人間が判断しなくても自動で処理できるようになったりと、ビジネス価値を創出できるはずです。

■ なぜユースケースに注目すべきか

　データ基盤をつくるのはユースケースを実現するためです。どれだけ技術的に難易度の高い挑戦をしても、活用施策が満足のいかない結果に終わるのであればビジネス価値はありません。また赤字を垂れ流すだけのシステムは持続できません。開発・運用コストをユースケースの便益が上回っている、という状態を目指しましょう。

　ユースケースの便益以上に開発や運用に手間をかけてはいけません。例えば、毎週金曜日の売上レポートのためにデータを参照するのであれば、わざわざリアルタイムのデータ転送システムをつくる必要はありません。月曜日の深夜に障害が起きたとしても、私生活を犠牲にしてまで、障害対応を行う必要はありません。ユースケースに応じた開発・運用のあり方を選びましょう。

　本章では便宜上「データの流れ」の順番で説明していますが、実務では最初にユースケースを検討することが望ましいです。データの活用方法を描き、ゴールから逆算する形で、データ収集・整備の投資判断を行います。「とりあえずデータを集めてみた」という場当たり的な整備では、データ活用につながるはずはありません。

■ どのようにユースケースを定めるか

　最初に、自社あるいは担当事業について、目標、現状、課題、施策を洗い出します。多くの企業では中期経営計画などの名称で設定されているはずです。例えば、以下のような内容です。

- **3年後の目標**：売上50億円＝顧客50万人×単価1万円
- **現状**：売上30億円＝顧客30万人×単価1万円
- **課題**：顧客数＝新規登録10万人＋継続利用20万人（去年からの解約10万人）
- **施策**：①デジタル広告配信による登録促進

　　　②解約候補者へのクーポンメール配信

　実務においては、これらを詳細まで検討します。例えば「登録過程のどこを改善すると効果的か」「何を改善すると解約を減らせるのか」「優良顧客の解約で平均単価が下がるリスクはあるか」といった課題について、調査・分析を行います。

　次に、データ活用施策の投資対効果を見立て、優先順位を定めます。表1-5は、優先順位を決めるためのもので、意思決定マトリクスと呼びます。それぞれの施策について、期待される効果と必要なコストを書き出し、総合的に判断して、優先順位を定めます。

表1-5　データ活用施策の意思決定マトリクス

			データ活用施策の案	
			①デジタル広告配信による登録促進	②解約候補者へのクーポンメール配信
意思決定の観点	施策によって期待される効果	売上への貢献度	○：大きい	○：大きい
		影響する人数	○：多い	○：多い
		顧客体験の向上	ー	ー
		従業員体験の向上	ー	ー
	施策実施にかかるコスト	人数	○：少ない（販売促進部）	△：多い（システム開発部）
		費用	×：大きい（集客予算が必要）	ー
		期間	○：短い（すぐに実施可能）	×：長い（開発期間が必要）
		リスク	ー	ー

　表1-5の例では、「①デジタル広告配信による登録促進」はすぐに実施できる一方で巨額の集客予算が必要です。反対に「②解約候補者へのクーポンメール配信」は、集客予算は不要ですがシステム開発に時間がかかります。集客予算の消化状況、開発案件の進捗状況、市場の動向などを踏まえて、①を行うか、②を行うか、両方同時に行うかといった判断を下します。

　続いて、データ活用施策の概要を設計します。「どの顧客または社員の」「どの作業または判断を」「どのように置き換えるか」を書き出しましょう。以下がその一例です。

- 顧客が商品を探す→その手間を削減するために、検索機能をつくる
- 経営企画部門が売上を集計している→その手間を削減するために、売上ダッシュボードをつくる

- 販促部門がクーポン配信対象を探している→その手間を削減するために、クーポン配信システムをつくる

これらの設計では業務改善やUXデザインの手法が役に立ちます。例えば、顧客への価値提供であればカスタマージャーニーマップ、社員への価値提供であればバリューストリームマッピングや業務フロー図といった手法が存在します。これらの手法の体系的な説明については、書籍などを参照してください[注7]。本節では、現場のデータ活用につなげるコツとして「5W1H」の考え方を説明します。

データの利用状況を5W1Hで特定できると、設計の際に便利です。誰が、いつ、どこで、何のために、何を、どうするのか、を書き出しましょう。例えば、売上ダッシュボードをつくる場合は以下のようになります。

- ○○部長が（誰が）
- 水曜日の朝10時に（いつ）
- 役員ミーティングで（どこで）
- 進捗確認のために（何のために）
- 週次の売上推移を（何を）
- 報告する（どうするのか）

利用状況をここまで解像度高く描けば、売上ダッシュボードをつくることの意義が見えてきます。○○部長が報告しやすいようにレイアウトを整えるようなタスクも想定できます。ユースケースを考慮せずにただダッシュボードをつくるよりも、効率良く高い成果を出せるはずです。

利用者と業務内容まで設計できたら、業務に必要となるアプリケーションやストレージについて設計しましょう。どのテクノロジーによって、どのデータを活用するのか、といった点です。BIツールによる売上モニタリングや機械学習によるクーポン配信など、データ活用に関する資料や書籍

注7　参考書籍として以下をおすすめします。
　・カスタマージャーニーマップ（加藤希尊 著「はじめてのカスタマージャーニーマップワークショップ」翔泳社, 2018）
　・バリューストリームマッピング（メアリー・ポッペンディーク, トム・ポッペンディーク 著, 高嶋優子, 天野 勝, 平鍋健児 翻訳「リーン開発の本質」日経BP, 2008）
　・業務フロー図（「ユーザー要件を正しく実装へつなぐシステム設計のセオリー」リックテレコム, 2016）

で紹介されているノウハウが活きるのは、この箇所です。設計、実装、テスト、リリース、導入、運用へとフェーズを進めていきましょう。

　導入後は以下の3点に注目してモニタリングしましょう。

- 「導入したツールが活用されているか」
- 「期待する効果が得られているか」
- 「想定外のトラブルや労力が発生していないか」

　導入前の想定と現実の活用状況にギャップがある場合は、改善施策を講じましょう。例えば、「売上ダッシュボードが使われていない」といった課題に対して、○○部長にインタビューして「月曜までの数字しか反映されていない」「細かく表示しすぎて議論が本筋から逸れる」といったコメントが引き出されたとしたら、データの反映速度の向上や、表示内容の調整を行います。企画時にすべてを考慮できるとは限りません。改善サイクルを繰り返すことで、現場の業務への定着を目指しましょう。

　ここではユースケースを実施する流れを解説しました。データ活用施策を企画し、データ基盤のユースケースを定め、現場への定着を促します。以下は、ここまでの解説に反するアンチパターンです。

- 事業目標にそぐわない課題を解く
- 優先順位が低い施策を進める
- データ利用の5W1Hを想定せずに現場に押し付ける
- 一度のリリースに全力をかける

　データ基盤の担当者はビジネスとデータをつなげることを常に意識しましょう。ユースケースは本章の1パートでしかありませんが、思考の9割をこのユースケースに向けることを推奨します。ユースケースを見据えてさえいれば、本章で解説する他の内容は遅かれ早かれ担保されるはずです。

現場で生じるユースケースの課題

　ユースケースを考慮せずに、システム開発者の都合だけでデータの流れ
を設計すると、利用者がデータを使わなくなります。データ基盤チームが
「データを見るときはこのツールを使ってください」と、ツールを指定する
ような場面です。

　データ基盤の担当者は「部署や役割によって最適なツールが異なる」と
いうことを念頭に設計してください。筆者が担当する現場でツールについ
てヒアリングしたところ、以下のような回答が寄せられました。

- マーケティング部門：Excelを使いたい。圧倒的に使い慣れている。
  手元で数値を変えて、簡単なシミュレーションを行うには便利だ
  と感じる
- アナリティクス部門：Tableauを使いたい。高価格なので全員に配布
  できるわけではないが、専門部隊に限定すればライセンスを購入
  できる。高機能なので多様な分析要求に対応できる
- Webディレクター：Redashを使いたい。関係者へのダッシュボード
  共有という観点で便利だ。SQLを書いたらデータをグラフィカ
  ルに表示してくれる。最近はSQLを勉強しているメンバーが増
  えている。SQLを見せながらソフトウェアエンジニアに相談で
  きる点も良い。複雑なことをやるのは難しいが、手軽に利用で
  きる
- Webアプリケーションエンジニア（機械学習のチームを含む）：
  Jupyter Notebookを使いたい。プログラミングや統計解析のス
  キルがある人間にとっては使いやすいツールだ。Pythonを実行
  できるので、凝ったデータ加工処理を行うこともできる。データ
  可視化や記録・共有の観点でも必要な機能が揃っている

　上記はあくまで一例です。部門ごとにおすすめのツールを紹介している
わけではありません。新しいツールが次々に誕生していますし、既存ツー
ルも日々進化しています。筆者があるBIツールを使い始めたときは、2週
間に1回の頻度で新機能が追加されたということもありました。ここで伝

えたいのは、個々のツールの優劣ではなく「**自分にとって使いやすいツールが、必ずしも他の役割を担う人々にとってベストではない**」ということです。向き不向きを考慮せずに特定のツールを押し付けるだけでは「使われるデータ基盤」にはなりません。

1-10 データの調査コストを減らすためにメタデータを活用する

メタデータとは何か

メタデータは「このデータはどのようなデータなのか」を知るために付与される情報です。以下のような多様なメタデータが考えられます。

- データの作成者
- データの作成日時
- データに個人情報が含まれているか
- データが文字列なのか数値なのか
- その数値の単位はcmなのか日本円なのか
- データが誰にどのくらい参照されているのか
- データを保管する義務のある期間

ECサイト「ゆずたそストア」では、商品を発送するために梱包のサイズを管理しているとしましょう。商品テーブルは「商品名」「価格」に加えて「高さ」「幅」「奥行き」のフィールドを持ちます。オリジナルグッズを扱うため、商品データは従業員が1つ1つ入力すると考えると「レコード作成者」「レコード作成日時」も記録されているでしょう。このテーブルに関するメタデータは、表1-6のように表現することができます。

表 1-6 商品データを説明するためのメタデータの例

	列に対するメタデータ			
フィールド名	データ型	単位	個人情報	外部キー
商品名 (name)	文字列	N/A	なし	N/A
価格 (price)	数値	貨幣（日本円）	なし	N/A
高さ (height)	数値	長さ (cm)	なし	N/A
横幅 (width)	数値	長さ (cm)	なし	N/A
奥行き (depth)	数値	長さ (cm)	なし	N/A
行に対するメタデータ　レコード作成者	文字列	N/A	なし	従業員 ID
レコード作成日時	タイムスタンプ	ナノ秒（日本時間）	なし	N/A

　「データ型」「単位」「個人情報」「外部キー」は列（カラム）を説明するためのメタデータであり、「レコード作成者」「レコード作成日時」は行（レコード）を説明するためのメタデータだと言えます。

　この商品データは、ETLツールを使うことで、データソースからデータレイク層へとコピーできます。このとき「データレイク層にデータを追加した」という記録が生成されます。例えば「2021-10-01 03:00:00」という日時に「etl-tool@sample.gihyo」というアカウントが「datalake.items」というテーブルに、レコードを追加（insert）した、といった記録が残ります。この記録を集計すれば、毎朝何時にコピーが完了しているのかを確認できます。

　その後、データ活用のために「yuzutas0@sample.gihyo」「fetaro@sample.gihyo」「tetsuroito@sample.gihyo」「takaya@sample.gihyo」といったアカウントが、データレイク層の商品データを参照（read）すると、その旨が記録されます。この記録を集計すると、誰が商品データをどのくらい参照しているかがわかります。これらのアクセス記録は、表1-7のように表現することができます。

表 1-7　商品データへのアクセス記録

日時	アカウント	対象テーブル	操作内容
2021-10-01 03:00:00	etl-tool@sample.gihyo	datalake.items	insert
2021-10-01 10:00:01	yuzutas0@sample.gihyo	datalake.items	read
2021-10-01 12:30:12	fetaro@sample.gihyo	datalake.items	read
2021-10-01 15:45:34	tetsuroito@sample.gihyo	datalake.items	read
2021-10-01 18:00:56	takaya@sample.gihyo	datalake.items	read

なぜメタデータを管理すべきか

　メタデータを管理する目的は、データの調査コストを削減するためです。例えば、データ活用現場では「このデータの単位はcmで本当に合っているのか」「このテーブルに個人情報は含まれていないか」といった仕様を調査するために、多くの工数を割いています。メタデータが事前に整備されていれば、そのメタデータを参照するだけで、すぐに仕様を把握できます。

　データをつくる立場の人は、そのデータに詳しいので「わざわざ説明を残さなくてもよいだろう」「データの中身を確認すればわかるだろう」と思うかもしれません。しかし、データを使う立場の人にとっては、それでは不十分です。99％のレコードに個人情報が含まれていなかったとしても、残りの1％に個人情報が含まれている（可能性がある）場合、そのデータは気軽に参照できません。また、時間の経過とともに事情は変わります。データをつくった本人でさえ、半年後には詳細を忘れているかもしれません。異動や退職によって当時の担当者を知る人がいなくなれば、調査に数ヶ月を費やすことになる、といったことも起きます。

　メタデータが役に立つのは、データ活用の場面だけではありません。

- データを収集するときに、テーブル名やカラム名などのテーブル情報をもとにして、データソースにアクセスする
- データウェアハウス層をつくるときに、データレイク層のデータを把握したうえで集計ロジックをつくる
- データマート層をつくるときに、データレイク層やデータウェアハウス層のデータを把握したうえで集計ロジックをつくる
- データ基盤のトラブル発生時に、誰にどのデータがどのくらい参照さ

れているのかを調べて、対象者にアナウンスする

　いずれの場合も、メタデータが用意されていれば、調査コストを大幅に
削減できます。

どのようにメタデータを管理するか

　メタデータの管理には分析用DBやメタデータ管理ツールを利用します。
分析用DBの多くは、監査機能として「そのデータが誰によっていつ生成
されたのか」「そのデータは誰によっていつ参照されているのか」を記録に
残します。また、多くのメタデータ管理ツールでは「個人情報の有無」と
いった項目を入力できます。

　データソースとそのコピーであるデータレイク層については、各データ
の説明文を作成することから始めましょう。仮にデータソースがMySQL、
PostgreSQLなどのデータベースシステムであれば、カラムごとに説明文
（description）を書くことが可能です。価格に関するカラムであれば「単位
は日本円」、長さに関するカラムであれば「単位はcm」のように記載しま
しょう。その際にデータ生成者を巻き込むことが重要です。詳細を本節で
後述します。

　データウェアハウス層とデータマート層では、第2章で紹介するワーク
フローエンジンやETLツールを用いて該当のメタデータを扱います。各
データの集計処理の管理と併せて、データの説明文を記載しましょう。集
計ロジックをつくるときに、テーブル名、カラム名、データ型、そして「単
位は日本円」「単位はcm」といった説明文を添えます。

現場で生じるメタデータの課題と対処法

　メタデータの管理を始める場合、まずはデータ生成者がデータベースに
説明文を書くだけで十分です。ところが、データ整備に力を注ごうとした
企業の中には、データ生成者の存在を無視して「メタデータのための専用
ツールや専門部隊」を導入するケースが見受けられます。

　多くの場合、この取り組みはうまく機能しません。最初の数ヶ月は順調

に見えたとしても、年単位では挫折します。もしくは、形骸化したツール・体制に対して、予算・工数を垂れ流し続けることになり、挫折以上に有害な事態に陥ります。

　なぜなら、データソースが多様化すると、専用ツールの開発や情報更新が追いつかなくなるからです。また、直接的な売上への貢献が見えにくい業務ですので、ビジネスの注力領域が変わったり、予算がつかなくなったりすると「データ整備」のツール・体制への継続投資が難しくなります。リソースが足りなくなるとメンテナンス不足によってメタデータが十分に更新されず、現場ニーズとのギャップが広がり続け、徐々に使われなくなります。

　メタデータがないと困るのは、アナリストなどのデータ活用者です。一方で、メタデータを更新できるのは、EC サイト開発者などのデータ生成者です。データ生成者には、わざわざ時間と労力を提供してもらわないといけません。また、メタデータを作成することの理解が得られていなければ反発があるかもしれません。よって、データ生成者とは別にメタデータ整備の部隊を立てたくなります。

　しかし、データソースに一番詳しく、内容に責任を持っているのは、そのデータを生成する人たちです。ビジネスや製品の変化によるデータソースの変化を、誰よりも早く正確に検知できるのも、データを生成する人たちです。メタデータを管理するには、彼らを巻き込むことが必須です。データ生成者から離れたところに専任部隊を立ち上げても、メタデータ整備は進みません。

1-11 サービスレベルを設定・計測して改善サイクルにつなげる

サービスレベルとは何か

　サービスレベルとはサービスの品質水準を表現したものです。サービス品質は大まかに分けると「便利」「安心」の2種類があります。データの利用者は「システムにアクセスしたら整備済みのデータを利用できる」という体験を期待しています。つまり、簡単にアクセスできる便利さと整備済みのデータを使える安心感が、システムには暗黙的に期待されています。このサービスレベルは、次のようなサイクルを通して改善していくことが望まれます。

- 目標設定
- 関係者との合意
- 現状の計測
- 課題の特定
- 必要な施策の実施
- 結果の振り返り

　ECサイトであれば「1日の売上データの集計は翌朝7時に完了していること」といったサービスレベルを定義します。そのサービスレベルでユースケースを満たせるのか、データ活用者に確認します。次にそのサービスレベルが実現可能なのか、データ生成者やデータエンジニアに確認します。「もっと早く集計が完了しないと早朝の在庫調整に間に合わない」「もっと遅いスケジュールにしないと提携先サイトからの売上報告が集計から漏れてしまう」といった議論を経て、目標となるサービスレベルを合意します。
　もともとイギリス政府が1989年に公開したITIL（Information Technology Infrastructure Library）というIT管理のノウハウ集がきっかけで「サービスレベルが大事だ」と広く知られるようになりました。その後、Google社がSRE（Site Reliability Engineering）という概念を提唱した際にも、このサービスレベルについて言及されています。データ基盤に限らず、

ITサービス運用にとって重要なキーワードだと言えます。

なぜサービスレベルを計測するか

　図1-14はサービスがシステムを包含するという関係を示しています。サービスの品質を改善するには、「システムではなくサービスに注目すること」「計測すること」という2つの要素が揃って初めて実現します。

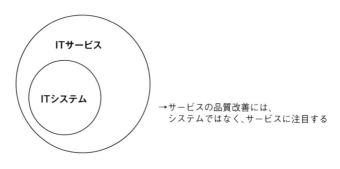

図 1-14　IT サービスと IT システムの関係性

　1つめの要素「システムではなくサービスに注目すること」とは、システム単体ではなく、サービス全体としての品質の改善を目指すということです。「データを整備したのに使われない」と悩んでいる方の多くは、ITシステムを整備しただけで、ITサービスが整備されていないように見えます。

　ITサービスとITシステムは違います。画面やコマンドの入力に対して何らかの出力を返すのがITシステムです。ITサービスは、ITシステムの使い方を教えてもらったり、ITシステムのトラブル発生時にサポートを受けたりと、ITシステムに付随する体験も含めた包括的な概念です。したがって、システムが堅牢につくられていても、案内やサポートが不十分であれば、サービスレベルの品質は低いことになります。案内やサポートを改善対象に含めることが重要です。

　2つめの要素「計測すること」の重要性を解説します。計測ができていないと、何をどれくらい改善すればよいのか判断できません。関係者の合意形成も困難になるでしょう。施策が放置される原因になったり、目標は達成できているのに無駄な投資を続けたりすることになります。

　「1日の売上データの集計は翌朝7時に完了していること」というサービスレベルを設定したのであれば、「売上データの作成日時」（メタデータ）をもとに「7時までに集計完了しているか」を計測します。30日間のうち、集計遅延が1日だけ（達成率97％）なのか、集計遅延が12日（達成率60％）なのかで、次にとるべき施策は変わります。後者であれば「達成率90％を目指そう」といった目標を掲げることが考えられます。この数値が見えていないと、何が課題なのかわからず、改善施策につなげられません。

どのようにサービスレベルを設定・計測するか

　まずはサービスレベルの目標を設定しましょう。データ利用者のユースケースをヒアリングして、そのユースケースにおいて暗黙的に期待されているサービスレベルを可視化します。

　サービスレベルはユースケースごとに設定しましょう。ユースケースによって期待される品質は異なります。毎週の売上分析であれば週に1回だけデータがあれば十分でしょう。一方で、ECサイトにおすすめ商品を表示するのであれば、リアルタイムに在庫データを連携して、在庫のある商品だけを表示したいはずです。他にも、購買傾向の分析ならば1円程度の数字のズレは許容されるかもしれませんが、経理に使うのであれば1円であっても間違いは許容できません。

　次ページの表1-8は、サービスレベルの目標を設定した例です。目標設定には「①ユースケース」「②約束相手（関係者）」「③連絡先・周知先」「④利用データ」「⑤約束事項」「⑥違反時の影響」などの項目を記載します。

表1-8 サービスレベルの設定例

	ユースケース	約束相手	連絡先・周知先	利用データ	約束事項	違反時の影響
1	日次レポート	ディレクター	Slack #monitoring	BigQueryの売上テーブル	毎営業日の午前X時までに欠損なく前日の売上がレポートされること	売上状況に応じた施策が打てなくなる（機会損失）
2	…	…	…	…	…	…
3	…	…	…	…	…	…
…	…	…	…	…	…	…

　それぞれの項目について解説します。

　まず「①ユースケース」を書き出します。上記の例では「売上の日次レポート」が該当します。どれだけ労力を割いてデータ基盤をつくっても、どれだけ熱心に利用者をサポートしても、ユースケースが曖昧では徒労に終わります。

　ユースケースごとに「②約束相手（関係者）」を明記します。上記の例では「集客施策を担当するWebディレクター」です。部署や担当者の名前が記載できない場合、そのユースケースは誰からも求められていない可能性があります。

　関係者の「③連絡先・周知先」を決めます。上記の例では、Webディレクターとのやりとりは「チャットツールSlackの #monitoring チャンネル」で行います。アナウンスやサポートの場所を決めておくと、安心してコミュニケーションできます。

　「④利用データ」を確認します。上記の例では「BigQueryに含まれる売上テーブル」を使っていることがわかります。障害発生時には重要なユースケースで使われているデータを優先的に復旧しましょう。

　「⑤約束事項」として、期待されている品質水準を明記します。表1-8の例では「毎営業日の出勤時間までに欠損なく前日の売上データが届いていること」です。機密情報や個人情報の扱いに関するものも、ここに記載します。

　「⑥違反時（この品質を満たせなかったとき）の影響」についても記載します。表1-8の例では「毎日の売上状況を元に広告配信を調整しているため、データ更新に問題があると、売上の機会損失につながる」ことが書かれています。影響範囲がわかることで、トラブル発生時にどのようなサポートが必要なのか判断できるようになります。

　このように目標を設定したら、次は計測方法を決めます。サービスレベルの計測には、メタデータが必要不可欠です。データの活用状況、データの更新状況といったメタデータを集計します。計測がうまく進まないという方は、メタデータの整備に注力しましょう。

　サービスレベルを計測できるようになったら、目標と現状との差分を踏まえて、改善につなげましょう。データ更新が毎日のように遅延するのであれば、遅延の原因を特定して対処することになります。

▌現場で生じるサービスレベルの課題と対処法

　サービスレベルに過剰な品質目標を設定していないか注意しましょう。複数のユースケースのどれを優先するのか、セキュリティや利便性をどれだけ担保するのかといったシビアな意思決定を行う場面があります。ここで、すべてのデータに対して、最高の品質を担保しようとすると、身動きがとれなくなってしまいます。

　例えば「すべてのデータは翌朝7時までに反映されていること」といったサービスレベルを要求されたことがありました。ユースケースにもとづいていないため、本章で推奨する手法から逸脱しています。試しにデータの利用状況を可視化したところ、500種類のデータのうち、実際に使われていたのは20種類にすぎませんでした。わざわざ500種類のデータについて品質を担保せずとも、20種類のデータだけに注目すればいいはずです。過剰品質を追求するせいで、データ整備の負担は増すばかりです。その会社では、日々「人手が不足している」「データエンジニアを募集している」と言っていましたが、足りていないのは人材ではなく品質のコントロールです。

　個人情報や財務データは、その性質上、過剰品質に陥ることが多いと言えます。データ流出の事件が報道されるたびに、十分な社内議論を経ることなく過剰に制限してしまうように見えます。実際、これらのデータをどう扱うべきかは悩ましい問題です。正解はありませんが、筆者が担当案件で採用している考え方を最後に解説します。データのガバナンスについては3章を参照してください。

　筆者はなるべく個人を特定できる情報（PII：Personally Identifiable

Information）を扱いたくないと考え、担当する案件ではアクセスを制限することが多いです。トラブルが起きたときに誰も責任をとれないからです。契約書、利用規約、プライバシーポリシーなどで同意を得ている用途以外でPIIを参照することは法令違反にあたります。仮に同意を得ていても、該当する個人が何らかのネガティブな影響を被ることになれば、関係各所は消費者保護の観点で経済的・社会的な制裁を受けるでしょう。利便性（という品質）を犠牲にして、安全性（という品質）を担保するという考え方です。

　一方で、財務データは自由にアクセスできるように設定することが多いです。全スタッフに担当事業の状況を把握してもらったうえで、プロフェッショナルな働きを求めるからです。また、上場企業であれば四半期に一度は決算短信として公開されますし、予期せぬ財務の変動が起きた際にはいち早く修正計画を開示することが市場から要求されます。インサイダーリスクがあるので、安全性（という品質）をすべて犠牲にすることはできませんが、可能な範囲で利便性（という品質）を優先するという考え方です。

1-12　データ基盤の品質を支える データスチュワードの役割を設ける

▌データスチュワードとは何か

　「スチュワード」は執事、世話役、幹事といった意味の言葉です。かつては飛行機の客室乗務員をスチュワーデス（スチュワードの女性形）と呼んでいました。顧客の相談窓口として振る舞い、課題解決をリードする役割です。

　本節で解説するデータスチュワードは、データ整備の推進者であり、データ活用者にとっての相談窓口でもあります。特定のスタッフや複数人のチームで構成される役割を指します。他の役割との関係性については、第3章の説明も参照してください。

　本書の執筆時点では、まだ日本で聞き慣れない役職ですが、LINEやメルカリなどのメガベンチャーでは「データマネージャ」という名称で、専用の部署・役職が設けられています。国際的にはデータスチュワードが一

般的なので、本書ではデータスチュワードに統一して解説します。

　データについて最も相談を受けている人がいたら、その人物が事実上のデータスチュワードだと言えるでしょう。専用の役職を設けることもあれば、データアナリストやシステムエンジニアなどの役割を担う人が、業務の延長としてデータ整備を行う場合もあります。

なぜデータスチュワードが必要か

　データスチュワードはデータ基盤のサービス品質を担保するために不可欠な存在です。データ利用者の問い合わせを受ける中で「このデータにアクセスしたい」「このデータが使いにくい」といった課題を検知します。データ基盤全体のサポートや利用促進といった総合的なサービスを提供することで、それらの課題に対処します。さらにメタデータやデータウェアハウス層を充実させることで課題の根本を解決します。

　もしデータソースに問題があるのであれば、データ利用者が困っている点をデータ生成者に対してフィードバックします。1-11節で解説したサービスレベルを計測して、例えば次のような関係者への働きかけによって改善活動を促します。

データソースでの誤入力を検知

↓

データ分析で利用できるかどうかを判断

↓

データの入力方法の変更を提案

　反対に現状のデータソースの形式になった背景・事情をデータ活用者にフィードバックすることもあります。

　データ生成者とデータ利用者が互いに課題をフィードバックできるように促し、データの流れを改善することで、ビジネス面での価値創出を実現します。「データを収集する役割」や「データを活用する役割」ではなく「その間をつなぐ役割」として、サービスレベルを定義、計測、改善し、サポート提供や利用促進を行います。

　1-11節で解説したように、システム品質だけにとらわれると、利用されるデータ基盤にはなりません。いくら高度な技術を採用していても、それだけでは利用者の便益に直結しないからです。安心感や利便性といったサービス品質を担保することが重要です。データスチュワードはそのサービス品質を担保するための役割なのです。

┃データスチュワードはどう振る舞うか

　データスチュワードは主に2つの役割を果たすことが求められます。「問い合わせの対応」と「データ整備の推進」です。順に解説します。

　データスチュワードは、機械学習エンジニアなどのデータ利用者から「商品カテゴリの分類方法について教えてほしい」「ECサイトとオフラインを横断して売上分析したい」といった問い合わせを受けて、データの仕様を調査し、回答します。このとき、依頼者自身のスキルがない、時間がないなどの理由で問い合わせ内容を完結できない場合、データスチュワードが一部の業務を代理で行う場合もあります。例えば、クーポン配信を担当するマーケターから「雨の日に人気の商品を知りたい」といった依頼を受けて、該当のデータを抽出・集計します。

　次にデータ整備の推進についてです。問い合わせによって課題を検知したら、改善策を立案・推進します。「ECサイトとオフラインを横断分析できない」という課題であれば、ECサイトのWebエンジニアなどのデータ生成者に対して「顧客IDを統合したい」といった提案を行います。「このデータは組織横断で参照すべき」という課題であれば、データマート層からデータウェアハウス層に移します。「このデータはユースケースごとに分けて使うべき」という課題であれば、データウェアハウス層からデータマート層に移します。

　ボトムアップでの課題検知に加えて、トップダウンの目標実現を推進することもあります。「マーケターが『雨の日に人気の商品を知りたい』ときに、自分自身でデータを抽出・集計して、試行錯誤できるようにする」といった目標を掲げるのであれば、データスチュワードはマーケター向けにSQL講座を開催することになるでしょう。

　本章で説明してきたキーワードと紐付けると、データ整備を推進するた

めの手順は以下のようになります。

- 問い合わせ対応によって、データ活用者の要望やユースケースを把握する
- そのユースケースを実現できるだけの品質をサービスレベルとして定義する
- その品質水準や利用状況をメタデータで計測する（メタデータがなければ整備する）
- 目標と現状の差分から課題を検知し、解決策を検討する
- （データソースに課題があれば）データ生成者と協力してデータソースを整える
- （データ基盤に課題があれば）データレイク、データウェアハウス、データマートを整備する

　これらのデータ整備の結果として、データ基盤が活用されるようになり、ビジネス面での価値創出につながります。

現場で生じるデータスチュワードの課題と対処法

　ここまで解説したきたように、データスチュワードは問い合わせ対応などの受動的な活動と、品質改善などの能動的な活動という正反対の活動を両立しないといけません。問い合わせ対応に工数を費やしてしまうと、品質改善に工数を費やせないという課題が生じます。品質を改善できないままでは、問い合わせは一向に減らず、さらに問い合わせ対応に工数を割くことになり、品質改善への着手が難しくなります。

　この悪循環を打開するために、まずは現状を可視化しましょう。問い合わせ対応と改善活動を案件として扱い、1つのリストで管理します。このリストをバックログと呼ぶことにします。バックログを優先順位が高い順番に並び替えて、上から順番に対応します。ちょっとした問い合わせや依頼についても、忘れずにバックログに反映しましょう。

　このバックログを使って、以下を計測します。

- 1 週間で追加される新規案件数
- 解消できる案件数
- 各案件を解消するまでの時間

　これらの計測によって、将来的に案件をすべて解消できるのか、ひたすら新しい案件が貯まり続けるのかを判断できるようになります。悪循環に陥っている場合は後者になるはずです。場当たり的な対応を繰り返すだけでは悪循環を抜け出せないことが明らかになります。

　そこで、50%ルールを設けましょう。問い合わせ対応などの運用作業を50%以下に抑えて、改善活動に50%以上の時間を費やすというルールです。問題が入ってくる量（運用）よりも、問題が出ていく量（改善）の方が多いのであれば、役割・部署として持続可能な状態だと言えます。

　マーケターからのデータ抽出・集計の依頼が、バックログの多くを占めているのであれば、対応に改善の余地があります。効率的に依頼事項をヒアリングできるように質問フォーマットを整えたり、過去の似たような分析を記録しておいて使い回せるようにしたり、依頼者自身が自由にデータを抽出・集計できるようにSQL講座を開いたりするなど、改善施策を講じましょう。これらの改善施策についても、同じようにバックログで管理します。

　週に1回はバックログを見ながら、その週の活動の振り返りを行い、以下のようなテーマを議論すると、さらなる改善へのヒントが得られるかもしれません。

- 「問い合わせ内容の傾向」
- 「改善施策の優先度」
- 「改善活動の時間を確保するための施策」

　データスチュワードは自社のデータ整備とデータ活用を促す立場です。だからこそ、自らの業務についても、データを計測することで、課題を特定し、改善していきましょう。

第 2 章

データ基盤システム
のつくり方

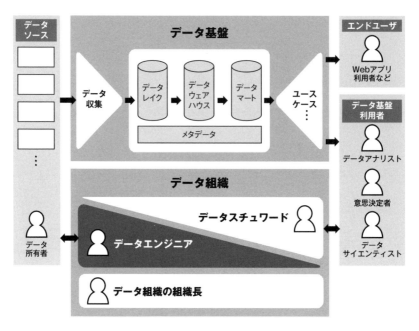

図 2-1　データ基盤の全体像

　筆者は大学の学部でコンピュータサイエンスを学び、大学院ではデータベースを研究していました。そのためコンピュータの動作原理から、最先端のデータベース技術まで、幅広く知識を得てきました。その後、企業に就職し、SIerやユーザ企業で10年以上エンジニアとして現場経験を積んできました。その中でも5年以上はデータエンジニアとしてデータ基盤構築・運用に携わり、大小さまざまなデータ基盤をゼロからつくって運用してきました。

　本章では、さまざまなプロジェクトを経験して得たデータ基盤のつくり方のノウハウを解説していきます。

　図2-1で示すデータ基盤の全体図では、データエンジニアはデータソースに近い側が広く、右（利用者側）に向かって細くなる三角形としてその役割を表現しています。これは、データエンジニアの役割がデータを収集する部分に重点を置くことを表しており、本章でもデータ収集に焦点を当てています。データ収集はデータソースという外の世界との接続部分であ

り、そのデータソースは多種多様な形式であることに加え、異なるシステム間の調整を必要とする難易度の高い部分です。そのため、本章ではデータソースの種類ごとに具体的かつ現場に即したノウハウを解説します。

　また、図2-1では、三角形が右に向かってデータスチュワードを下支えするように表現していますが、これはデータエンジニアがデータを格納する能力とデータを加工する能力を備え、データスチュワードやその先にいるデータ基盤利用者に提供する意味合いを持たせています。具体的には、データを蓄積するためのストレージやデータベースの準備や、データを加工するためのツールの提供にあたります。世の中にはデータの蓄積や加工をするための製品やサービスが多数ありますので、数多の候補の中から最適なものを選ぶためのコツを伝授します。例えば、スモールスタートをするためにクラウドサービスを優先して選ぶことや、データの分析に特化したデータベースを選ぶことなどを解説します。

　本章を読んでいただければ、データ基盤としてつくるべきコンピュータシステムの基本が理解できるとともに、どのような製品を選定してつくれば間違いがないのか、また製品を選定するコツがわかるようになるでしょう。

2-1 一般的なデータ基盤の全体像と分散処理の必要性を理解する

■データ基盤のつくり方は一般化されてきた

　2010年頃は、多くの企業にとってデータ基盤は聞き慣れないものであり、データ分析をするために必要なコンピュータシステムを手探りでつくっていました。ある会社では高額で巨大なデータベースにデータをすべて溜め込んで分析に利用していたり、他の企業ではオープンソースの分散処理システムをデータ分析に使っていたりと、データ基盤のつくり方はさまざまでした。

　本書を執筆している2021年時点では、多くの企業がデータ分析を行っており、それを支えるデータ基盤の利用も一般的になったと言えます。そ

の背景には、ハードウェアとソフトウェアの発展が要因にあると考えます。ハードウェア面では、パブリッククラウドが普及したことにより、高価なハードウェア資産を保有しなくても、大量のデータを処理できるようになりました。ソフトウェア面では、Apache Hadoopをはじめとして、多くの分散処理ソフトウェアが簡単に利用できるようになりました。

　特にインターネット事業を手掛ける企業では、事業そのものがデジタルでありデータを集めることが容易であったことや、事業貢献につながる施策を導入しやすかったことから、他の業種よりも早くデータ分析が本格化したため、データ基盤のつくり方のノウハウが溜まりやすかったと言えます。

　本章では、データ基盤のつくり方のノウハウを解説します。前述の通りこのノウハウはインターネット事業会社で蓄積されたものが多いため、他の業種にうまくマッチするかはわかりませんが、今後データ基盤の構築に取り組むにあたっては参考になることが多いと思います。

データ基盤を構成するシステムコンポーネント

　まず最初にデータ基盤を構成するシステムコンポーネントを理解していきましょう。図2-2が一般的な構成です。

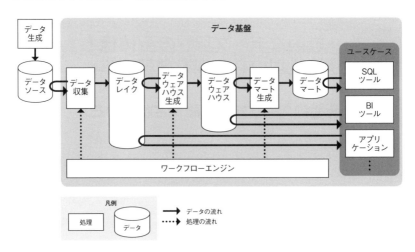

図 2-2　データ基盤を構成するコンポーネント

　図2-2の一番左にあるコンポーネントはデータの生成処理です。データは自然に発生しません。例えば、ECサイトを訪れるユーザの行動分析を考える場合、Webページの中にユーザの行動を取得して保存するための処理を埋め込みます。他にも、営業管理ツールに記録された営業状態データは、営業担当がデータを入力することがデータ生成にあたります。このように自動・手動にかかわらず、データを発生させるしくみをつくることが**データ生成**です。

　次に、生成されたデータは**データソース**に蓄積されます。例えば、ECサイトであればユーザ情報を格納したデータベースのテーブルがデータソースです[注1]。他にも、ユーザの行動ログをログファイルとして蓄積しているストレージや、営業状態の入った営業管理ツールのデータベースが挙げられます。

　ここまでに解説したデータ生成とデータソースは、データ基盤の外部にあります。データ収集以降がデータ基盤の管理対象システムであり、データ基盤の担当者にとっては管理対象外のシステムです。ただし、データ生成やデータソースの担当者に対する働きかけはデータ基盤の役目です。例えば、データ生成のためのアプリケーションライブラリを作成し、データソース側のシステムに組み込んでもらうといったことが挙げられます。

　データソースの種類によってデータ基盤が行う**データ収集**方法はさまざまです。例えば、データソースがファイルである場合、ファイルを取得することがデータ収集です。他にも、データソースがデータベースである場合は、SQLによる取得や更新ログを取得するといった方法があります。詳細については2-2節で詳しく解説します。

　データ収集によって集められたデータを溜めておくコンポーネントがデータの池「**データレイク**」です。企業にとってデータは貴重な資産の1つですので、収集したデータを消失しないようにそのままの形で蓄積しておくことがデータレイクの役割です。例えば、データソースがJSONファイルであればJSONファイルをそのまま格納しますし、画像データやテキストデータもそのまま格納します。詳細は2-12節で詳しく解説します。

　データレイクに蓄積されたデータはそのままでは分析に利用できないことが多いです。**データウェアハウス生成処理**によってデータを綺麗に加工

注1　紙に記録されて保存されているデータソースも考えられますが、これをデジタルデータに変換する方法については本書では扱いません。

しデータ構造を定義してデータウェアハウスに格納することにより、データ
分析に利用できます。例えば、JSONデータをテーブルデータに変換する、
数値や日付の表現方法をそろえる、個人情報を除去する、同じ意味でも異
なった表現方法になっているデータを紐付ける（通称「名寄せ」）などです。

　イメージをつかむために、例を挙げて解説しましょう。図2-3の例では、
データレイクに格納された異なるフォーマットのJSONデータを、データ
ウェアハウスのテーブルに格納しています。まず、データAのuser_idは
string型ですが、データウェアハウスではuser_idはint型として管理する
ことに決まっているため、string型からint型に変換しています。また、デー
タBのlast_loginはユニックスタイムですが、こちらもデータウェアハウ
スではdatetime型として管理する決まりとなっているため、変換していま
す。最後に、emailは個人情報ですのでそのままデータウェアハウスに格
納することはできない決まりとなっています。今回の分析要件の例では、
emailはドメインの情報のみがあれば十分であるため、@より前の文字列
を削除しドメイン名のみの文字列に変換しています。

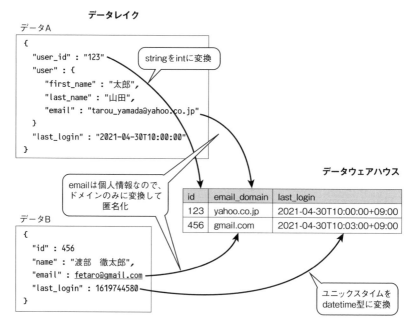

図2-3　データウェアハウス生成処理の例

　データウェアハウス生成処理により整理されたデータは、データの倉庫「**データウェアハウス**」に格納されます。データウェアハウスはデータ基盤にとって最も重要なコンポーネントです。その理由は、データウェアハウスに格納されたデータは、データ分析において最も利用される中心的なデータであるためです。そのため、多数の利用者が適切な権限のもとにデータを利用できるアクセスコントロールのしくみを整備したり、利用者が分析しやすいユーザインターフェースを提供したりする必要があります。データ利用者はSQLツールを用いてデータウェアハウスのデータを閲覧・集計できます。また、BI製品からデータウェアハウスのデータを可視化し、ダッシュボードを生成できます。アプリケーションから直接データウェアハウスのデータを利用することも少なくありません。データウェアハウスについては2-13節で詳しく解説します。

　データウェアハウスには利用されるすべてのデータが格納されているため、そのデータ量は膨大です。したがって、データウェアハウスに蓄積されたデータをそのまま使うと、扱うデータ量が多すぎて処理に時間がかかるという問題があります。また、複数の利用者がデータウェアハウスからデータを集計すると、集計方法がユーザによってバラバラで、集計結果間に矛盾が生じることがあります。そこで、データウェアハウスを目的ごとに加工して蓄積し、それを活用する方法がよくとられます。この目的別のデータを「**データマート**」と呼びます。データマートを用いることにより、処理時間を短縮したり、集計済みのデータを共有することで人によって集計方法が異なる問題を解消できます。

　図2-2の一番下にあるのはワークフローエンジンです。ワークフローエンジンは、データ基盤で行われる処理の起動時間や実行順序を制御するためのものです。例えば、ECサイトのデータ基盤において、その日の売上を集計する夜間バッチをつくりたいと考えたときに、ワークフローエンジンの時刻起動機能を用いて、0時30分になったら前日分のデータをデータソースから収集するといったことが可能です。また、収集が完了したらデータウェアハウスを生成する、データウェアハウスに必要なデータがすべて揃ったら売上集計データマートをつくるといった、処理の順序制御も行うことができます。ワークフローエンジンについては2-16節で詳しく解説します。

大量のデータには分散処理が必要

　これまでシステムを構成するコンポーネントについて解説してきましたが、各コンポーネントのつくり方はデータのサイズに依存します。どういうことかというと、データが小さければ1つのコンピュータで実現することができますが、データが大きければ1つのコンピュータでは処理しきれないため複数のコンピュータによる分散処理が必要です。

　データの集計について、例を挙げて解説しましょう。100MByteにも満たない小さなデータであれば、Excelなどのスプレッドシートアプリケーションを用いてファイルにデータを格納し、スプレッドシートアプリケーションの集計関数やピボットテーブルの機能を用いて集計できます。しかし、100MByte 〜 1TByte程度のデータになると、スプレッドシートアプリケーションで扱うことが難しくなるため、1台のコンピュータにデータベース製品をインストールして、その中にデータを格納して、SQLを用いて集計することが一般的です。扱うデータが1TByteを超えてくると、1台のコンピュータでは集計がしきれなくなるため、分散処理のできるDWH製品を導入し、複数のコンピュータを制御して分散集計処理を行う必要が出てきます（図2-4）。

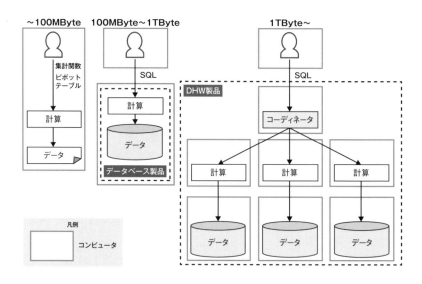

図 2-4　データのサイズと集計の実現方法

このように、大量のデータを集計する場合は分散処理が必要ですが、これは集計だけに限った話ではありません。データ収集やデータ蓄積においても分散処理が必要になります。

本章では、これからさらにシステムの各コンポーネントについて解説していきますが、どのコンポーネントにおいても分散処理が必要となることを前提に解説します。データ分析のケースによっては前述したような大量データがなく、分散処理を必要としない場合もあるでしょう。しかし、最初から大量データを扱う方法を身につけておけば、少ないデータを扱うことは簡単です。また、現状で大量のデータが必要なくとも、データ活用が進むと必要となるデータが増えることはよくあるため、あらかじめ分散処理を前提にしておくことは重要です。

2-2 データソースごとに収集方法が違うこと、その難しさを理解する

前節ではデータ基盤の全体像について解説しました。本節以降では、データの流れに沿って、データ収集、データレイク、データウェアハウスの各コンポーネントのつくり方のコツを解説していきます。まずはデータ収集から解説していきます。

データ収集は難しい

結論から言って、データソースごとに収集方法を使い分ける必要があるため、**データ収集はデータ基盤の中で最も取り扱いの難しいコンポーネント**です。

ストレージからファイルを収集する場合とデータベースからテーブルデータを取得する場合では、使う技術やツールが違いますし、運用上考慮すべき点も異なります。

また、同一のデータソースであっても収集方法が変わることがあります。例えば、データベースからデータを収集する場合、そのデータベースが企業の業務遂行にあたって重要であり、負荷を与えてはいけないときとそう

でないときでは、収集方法は変わります。他にも、データの量、データに個人情報が含まれるか、データをどれだけ高い鮮度で収集したいかなど、データの性質によって収集方法は変わってきます。あるデータ収集製品を使えばすべてのデータソースに対応できる、といった「銀の弾丸」のようなものは残念ながらないのです。

　このように、一言でデータ収集と言ってもその実態は多種多様であり、安定してデータを収集するシステムをつくるためには、多くの技術やノウハウが必要です。本章はデータ基盤のシステムの知識を解説する章ですが、その大半をデータ収集に割いているのはそれほどデータ収集が難しいためです。

┃ データソースの種類ごとの収集方法

　繰り返しお伝えしているようにデータ収集の方法は多種多様ですが、ある程度データソースの種類ごとに収集方法はパターン化されます。表2-1にデータソースの種類と収集方法をまとめました。

表 2-1　データソースの種類と収集方法一覧

データソース	データ例	収集方式
ファイル	Excelファイル、CSV 画像、動画、音声	ファイル収集
API	公開された気象オープンデータ 顧客管理サービスのAPI	API呼び出し
Webサイト	賃貸情報Webサイトの検索結果	スクレイピング
データベース	ユーザマスタ 商品マスタ 購入トランザクション	SQL利用
		ファイル経由
		更新ログ収集
ログ	Webアクセスログ ユーザの行動ログ	エージェントを利用した収集
端末データ	ブラウザイベント、スマホアプリのイベント	アクセス解析ツールの利用
	IoTデバイスのセンサー	分散メッセージキューを利用した収集

　まず、**ファイルの収集**は、社内の共有ファイルサーバに置かれたExcelファイルなどのスプレッドシート、FTPサーバに置かれたCSVファイル、クラウドのオブジェクトストレージに置かれた画像、動画、音声ファイル

など、さまざまな種類と保管する場所があります。ファイル収集の詳細は2-3節にて詳細に解説します。

次に、**API呼び出し**ですが、例としてはインターネットに公開された天気情報のオープンデータや、クラウド型の顧客管理ツールのAPIがあります。API呼び出しについては2-4節で詳しく解説します。

インターネット上からデータを取得する場合、API呼び出しが利用できなければ**スクレイピング**によるデータ収集を検討します。スクレイピングとはWebサイトをブラウザで閲覧するのではなく、プログラミング言語を用いてWebサイトからデータを取得し、得られたHTMLやJavaScriptのコードを解析して必要なデータを抽出する方法です。例えば、賃貸住宅の情報を掲載するWebサイトを解析して、地域と家賃を抽出するような操作が挙げられます。スクレイピングはWebサイトが本来意図するアクセス方法ではないので、無断でスクレイピングを行うと著作権の侵害やシステム妨害になる可能性があります。スクレイピングを行う場合は、Webサイトに許可をもらいましょう。また、Webサイトによっては、Webサイト上にrobots.txtファイル[注2]を配置して、ブラウザではないプログラムによるアクセスの際に守るべきルールを指示している場合がありますので、robots.txtがある場合にはその指示に従うようにしましょう。

データベースからのデータ収集とは、業務システムにあるデータベースからデータを収集する方法です。近年はデータベースにデータを蓄積することが一般的ですので、データベースからデータを収集する機会が増えています。大きく分けて3つの方法があり、それぞれメリットデメリットがあります。この詳細は2-5節で詳しく解説します。

ログファイルからのデータ収集とは、Webサーバから出力されるアクセスログや、アプリケーションが出力するユーザの行動ログを、データ基盤に収集する方法です。この方法ではエージェントと呼ばれるプログラムをログが出力されるコンピュータに配置し、エージェントがログを集めてデータ基盤に送付します。詳細は2-9節で詳しく解説します。

最後に、**端末データ**の収集です。例えば、Webシステムであれば、端末とはWebブラウザのことであり、ブラウザ上で起こるイベントの収集

注2　Googleが公開しているrobots.txtの仕様：
　　　https://developers.google.com/search/docs/advanced/robots/robots_txt?hl=ja

が対象です。ブラウザ上の画面遷移、スクロール、マウスの移動などがイベントであり、さまざまなイベントを逐次データ基盤に取得することが端末データ収集です。他の例ではスマートフォンの操作や、IoTデバイスのセンサーデータなどを収集する場合も端末データ収集です。端末データ収集はこれまでに解説した中で最も多いデータ量を扱いますので、アクセス解析ツールや分散メッセージキューを用いたデータ収集が必要です。詳細は2-10節で詳しく解説します。

このようにデータソースの種類ごとにデータ収集の方法は異なることが理解いただけたと思います。まずは全体を理解したうえで適切なデータ収集方法を選択できるようになりましょう。

Column データを収集せずに分析に利用する「フェデレーション」

「フェデレーション」という技術を聞いたことがあるでしょうか？「データ仮想化」と呼ばれることもあります。

この技術は、データ基盤の中にデータを収集して格納して分析に利用するのではなく、データソースにあるデータを直接分析に利用する技術です。図2-5では、利用者はデータ基盤にあるクエリエンジンに対して分析クエリを実行していますが、裏ではフェデレーション機能を利用してデータソースにあるデータを直接参照して結果を応答しています。これにより、データを収集せずに分析に利用できます。

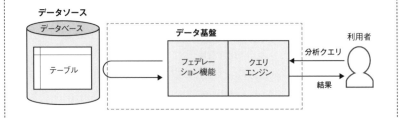

図 2-5　フェデレーションを利用したシステム構成

データソースとデータウェアハウスにあるデータを掛け合わせることができるのは、フェデレーションの面白い特徴です。図2-6では、データソース

にあるデータとデータウェアハウスにあるデータの両方を掛け合わせて（例えばJOINして）結果を応答しています。

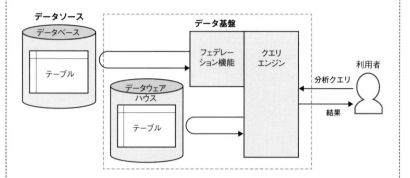

図2-6　データソースとデータウェアハウスのデータを掛け合わせる

　注意点としては、利用者が意図せずにデータソースに負荷を与えてしまうことです。利用者はデータ基盤のデータを使っているつもりだったので、何も気にせず分析クエリを大量に投入していたのですが、実はデータソースに大きな負荷を与えて障害になってしまったというケースをよく聞きます。

　フェデレーションができる製品例としては、Amazon Redshiftの横串検索[注3]やBigQueryのCloud SQL連携クエリ[注4]があります。

注3　Amazon Redshiftの横串検索：
　　　https://docs.aws.amazon.com/ja_jp/redshift/latest/dg/federated-overview.html
注4　Cloud SQL 連携クエリ：
　　　https://cloud.google.com/bigquery/docs/cloud-sql-federated-queries?hl=ja

2-3 ファイルを収集する場合は最適なデータフォーマットを選択する

ファイルデータの収集方法

　ファイルは最も慣れ親しんだデータの表現形式の1つでしょう。実際に、データ収集の対象の多くがファイルです。

　ファイルデータの例としては、もともとファイルでしか提供されていない音声、画像、動画などのデータがまず考えられます。他にも、商品コードのマスタをExcelなどのスプレッドシートで管理して、その内容をCSVに出力して定期的に社内のファイルシステムやFTPサーバに配置したものもファイルデータの例と言えるでしょう。

　ファイルからデータを収集する一般的なシステム構成を図2-7に示します。データソース側で生成したファイルをファイルシステムに配置し、配置の完了をイベントとしてキューに投入します。データ基盤は配置完了の通知を受領したら、ファイルシステムにデータを取りに行き、取得したデータファイルをデータレイクに蓄積します。図2-7ではファイルシステムとキューをデータ基盤の外側に描いており、データ基盤の管理対象外としていますが、ケースによってはデータ基盤の内部にファイルシステムやキューを用意してデータ基盤側で管理することもあります。

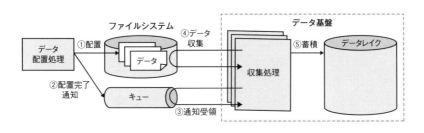

図 2-7　ファイルデータを収集するシステムの構成

　ここでのポイントは、ファイルシステムとは別に配置の完了を通知するしくみをつくることです。図2-7の例ではキューがその役割を担っています。配置完了の通知がないと、データ基盤側は書き込みが完了しているかを

知るすべがないため、書き込んでいる途中のファイルを間違って収集してしまうおそれがあります。

　図2-7では自前でキューに配置完了通知を投入する処理をつくり込んでいますが、ファイルシステムにクラウドのオブジェクトストレージを用いることによりそれを簡略化できます。というのも、オブジェクトストレージにはファイルが配置されたら自動でキューに通知する機能が付属しています。製品例としては、Amazon S3 のイベント通知[注5]や、Google Cloud Storage トリガー[注6]が挙げられます。

　キューを準備できない場合は、配置完了を示すファイル「トリガファイル」をファイルシステムに配置する方法も一般的です。収集処理ではまずトリガファイルの有無を確認し、トリガファイルが存在すればデータを読み込みに行きます。トリガファイルはコンピュータシステムをつくるうえで慣例的に使われている言葉であり、その実装方法に決まりはありません。例えば、配置が完了したら、特定のディレクトリの中に「20210725_000020」のような配置完了日時をファイル名に付けたファイルを配置することで、トリガファイルを実現できます。

■ファイルの中身を厳格に管理したい場合は　データ構造も一緒に収集する

　ファイル収集でよく問題となるのは、ファイルの中身が想定と変わってしまうことです。例えばCSVファイルを毎日収集していたが、ある日突然CSVの列の順番が変わってしまい、列を取り違えてしまうといった問題です。このような問題が発生すると、収集処理が失敗してしまったり、最悪のケースでは誤ったデータを分析に使ってしまいます。

　これを回避するためには、**データの中身だけでなくデータの構造も一緒に収集する**方法が考えられます。図2-8に具体的なシステムの構成を示します。図2-8では、CSVデータと一緒に、そのデータ構造を示すファイルもファイルシステムに配置しています。データ構造ファイルにはCSVの列の順、名前、そしてデータ型が書いてあります。データ収集の際にはCSVファイ

注5　Amazon S3 イベント通知：
　　　https://docs.aws.amazon.com/ja_jp/AmazonS3/latest/userguide/NotificationHowTo.html
注6　Google Cloud Storage トリガー：https://cloud.google.com/functions/docs/calling/storage?hl=ja

ルと一緒にデータ構造ファイルも収集し、CSVファイルとデータ構造ファイルの中身が矛盾する場合にエラーを出すことで問題を回避できます。

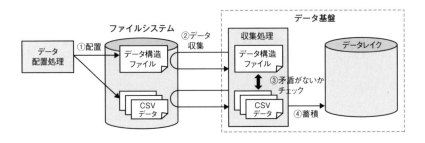

図 2-8　データ構造ファイルも一緒に収集して矛盾がないかチェックする

　収集対象のデータがJSONの場合は、JSONの構造を定義する仕様である JSON Schema[注7]があります。また、XMLが収集対象の場合はXML Schema[注8]を用いて、データ構造を定義できます。

　よりデータ構造を厳格に管理したい場合は、**Apache AVRO**[注9]（アブロ）の採用を検討しましょう。AVROは一言で言えばデータ構造に厳格な JSONです。AVROは広く普及したオープンソースのファイルフォーマットであり、多くの製品から利用できます。AVROデータの生成の例を図2-9 に示します。まず、AVROのデータ構造を定義したファイルを準備しておきます。次に、AVROの変換プログラムでその定義ファイルを読み込み、変換したい元のデータをAVROデータファイルとして変換します。

注7　JSON Schema：https://json-schema.org/
注8　XML Schema：https://www.w3.org/2001/XMLSchema
注9　Apache AVRO：https://avro.apache.org/

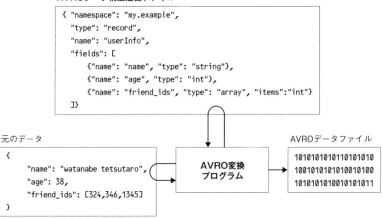

図 2-9 AVRO データの生成の例

このように、AVROはデータ構造定義ファイルがないとデータの生成すらできないため、これまでに解説したJSON SchemaよりもΚ厳格にファイルを管理できます。JSONはJSON Schemaがなくてもテキストエディタさえあればいくらでも生成可能ですし、たとえJSON Schemaがあったとしてもそれに従わないJSONをつくることは可能です。しかしAVROであればデータ生成そのものができないのです。つまり、JSON Schemaを用いれば、データを収集したあとでデータ構造の不正に気づくところ、AVROはデータを生成する時点でデータの構造の不正に気づくことができます。

一方、AVROのデメリットとして、バイナリフォーマットなのでデータの中身を確認することが困難である点が挙げられます。CSVやJSONであればファイルを開けば中身が確認できるのに対し、AVROはデータを読み取るための専用ツールが必要です。例えば、プログラミング言語Pythonから読む場合はavro-python3[注10]というライブラリが必要です。

▌データの量を減らしたい場合はParquetを検討する

ファイルデータを収集するなかでよく問題になるのがそのデータ量です。

特にJSONはデータの中身だけでなくキーの名前もファイルに書かなければならないため、データ量が大きくなりがちです。例えば age というキー名に整数型のデータを格納することを考えると、JSONの場合「"age":10,」と9つの文字を書く必要があり、9Byteも必要です。

CSVの場合は、キーの値をデータに書かなくてよいため、JSONよりもファイルサイズを小さくできます。先ほどの例であれば、「10,」の3文字だけでよいため、3Byteになりました。

しかしCSVであっても、データを人間が読めるテキストデータとして保存しているという点では、データ量が小さいとは言えません。というのも、年齢であれば0 ～ 128の数値で表現でき、7bitあれば十分だからです。

そこで、**Apache Parquet**[注11]（パーケット）の出番です。Parquetはデータフォーマットの一部で、データをテキストではなくバイナリとして表現します。データの型に合わせてデータをバイナリで表現するため、すべてをテキストで表現するCSVやJSONと比べて、データサイズが小さいことが特長です。

先ほど解説したAVROもバイナリフォーマットであるため、同様にデータサイズを小さくできますが、Parquetはよりデータを小さくするために「列指向圧縮」というしくみをとっています。列指向圧縮は列の方向にデータをまとめて管理して、列方向のデータは似たような値が多い特性を利用したデータの圧縮方法です。「列指向圧縮」はデータ基盤をつくる上で必須の知識であるため2-15節で詳しく解説しています。

また、Parquetのメリットの1つに、データレイクに収集したParquetファイルをデータウェアハウスに取り込む場合に、CSVやJSONのファイルを取り込むよりもParquetのファイルを取り込む方が速い点が挙げられます。データウェアハウスがParquetに対応した分析用DBであれば、その恩恵を受けられます。分析用DBについては、2-14節で詳しく解説しますが、現時点ではデータウェアハウスなどに利用する分析専用のデータベース製品だと思ってください。分析用DBでは内部でデータを列指向圧縮して持ちますが、CSVや

注11　Apache Parquet：https://parquet.apache.org/

JSONだと列指向圧縮するのに時間がかかるのに対して、Parquetであればあらかじめ列指向圧縮されているため、その分速く取り込めます。

　一方、Parquetのデメリットは、AVROと同様、バイナリフォーマットなのでデータの中身の確認が困難です。

2-4　APIのデータ収集では
有効期限や回数制限に気をつける

▌APIによるデータ収集とは

　API（Application Programming Interface）は、一般的にはアプリケーションとアプリケーションをプログラムでつなぐ際の取り決め（インターフェース）のことを意味します。ただし、データ分析の文脈でAPIという言葉を使う場合は、APIエンドポイントとデータフォーマットのことを意味することが多いです。

　APIエンドポイントとは、「https://example.com/xxx_data」といったURLのような文字列で表し、データを取り出す場所とその方法を示します。先頭の「https」の部分がデータを取り出す方法（プロトコル）を意味しており、そのあとの「example.com/xxx_data」がデータの場所を意味しています。インターネットにアクセスする際にURLをWebブラウザに入力することが多いと思いますが、それ以外でも広く利用されています。**データフォーマット**とは、文字通りこのAPIから取得できるデータの形式を意味し、多くの場合JSON形式ですが、XML形式のこともあります。つまり、APIからデータを収集するということは、URLを指定してJSON形式のデータを取得すると理解しておけばよいでしょう。

　APIは無料と有料のものがあります。例えば、簡易的な気象データや断片的なSNSのデータは、メールアドレスなどを登録すれば無料でAPI利用できるようにインターネットに公開されていることがあります。一方で、長期にわたる詳細な気象データや、SNS上の全データといった価値の高いデータは有料の場合が多いです。例えば、天気データを提供しているOpen Weatherは、執筆時点では無料だと7日先の天気予報しか取得でき

ませんが、有料であれば16日先の天気予報が取得できます。

APIからデータを収集する方法

APIからデータを収集するシステムは図2-10のような構成です。

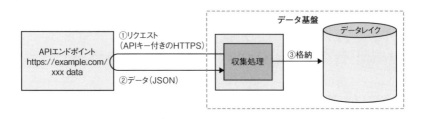

図 2-10　API からデータを収集するシステム構成

この収集処理では、URLで表されるAPIエンドポイントに欲しいデータをリクエストする際に、HTTPSプロトコルを用います。そのリクエストには、**APIキー**と呼ばれる鍵情報を付与します。そして受け取ったJSONをデータレイクにそのままファイルとして格納します。

APIキーは、APIの利用者ごとに発行される鍵のようなもので、APIキーがないとAPIを利用できないことが多いです。一例としてOpen Weather[注12]へのリクエストを解説します。例えば、指定した町の現在の天気を知りたい場合は、URLは次のような文字列になります。

```
https://api.openweathermap.org/data/2.5/weather?q={町の名前
}&appid={APIキー }
```

URLの後半に町の名前に加えてAPIキーを指定する必要があります。このAPIキーはOpen Weatherから発行された乱数のような文字列です。

注12　Open Weather：https://openweathermap.org/api

▎API実行回数制限やAPIキーの有効期限に注意

　APIを利用する際にはAPIの実行回数制限に注意しましょう。実行回数制限とは、一定時間にリクエストできる回数を制限するしくみで、これを超えてデータを取得できません。APIといえども中身は普通のコンピュータシステムであり、無限にリクエストを受けられるわけではないため、多くのAPIで制限を設けています。例えば「リクエストは1秒に1回まで」や「1日に1万回まで」といった制限があります。APIのシステム運営者はAPIキーで利用者を識別することで、リクエスト数を制限し、APIのシステムにかかる負荷を一定に抑えるようにしています。

　実行回数制限を意識せずにAPIからデータを収集していると、利用の増加にともない利用回数制限を超えてしまい、ある日突然データ収集が失敗してしまうという事態を招きます。特によくあるケースは、PoC（実証実験）の段階では取得するデータが少なく問題が起きないのに、本番運用がはじまり取得するデータが多くなると実行回数制限に引っかかり障害になることです。そうならないためにも、事前にAPI実行回数を見積もり、利用回数制限以内で実施できるように設計しましょう。

　その結果、APIの利用回数に収まらないとわかった場合は、実行回数制限を緩和できないかAPIの運営会社に相談してみるとよいでしょう。その際は、追加の費用をどこまで用意できるかをあらかじめ決めておくことをおすすめします。多くの場合は相談に乗ってくれるでしょう。

　最後に、APIを利用するうえで忘れてはいけないのは**APIキーの有効期限**です。有料APIのAPIキーには有効期限があるものが多いです。これを忘れて本番運用すると、ある日突然APIキーの有効期限が切れてデータ取得が失敗することになります。

　特に注意してほしいのは、例えば有料のAPIを1年間といった契約で事前に一括で支払う場合です。この場合では、導入してから1年後にAPIキーを交換するという運用イベントを忘れずに実施しましょう。

2-5　SQLを利用したデータベース収集では データベースへの負荷を意識する

企業にとって重要なデータはデータベースに入っている

今やコンピュータシステムを使わずに業務を行っている企業は珍しいでしょう。ほとんどの企業は社内の業務でコンピュータシステムを利用しています。企業の経理・会計・給与といった業務はコンピュータシステムで行われるのが当たり前ですし、インターネット事業会社であれば、事業の根幹はインターネットサービスでありコンピュータシステムそのものです。これらのコンピュータシステムは企業にとって重要なデータを扱っています。例えば、顧客との取引データ、商品や在庫のデータ、企業会計のデータなど、そのデータがなくなると企業活動が立ち行かなくなるような重要なデータをコンピュータシステム上で利用しています。

こういった重要なデータはデータベースに蓄積されます。より正確にはRDBMS（Relational DataBase Management System）と呼ばれる製品であり、具体的な製品としてはOracle社のOracle、Microsoft社のSQL Server、オープンソースのMySQLやPostgreSQLなどが有名です。データを蓄積するだけであればファイルにデータを保存するという方法も考えられますが、データの構造を決めて管理したり、データの一貫性を保ったりする機能があるため、重要なデータはデータベースに蓄積することが一般的です。

意思決定をするためのデータ分析においては、上記の重要なデータを用いることが多いため、データベースのデータはアクセスしやすいようにデータ基盤の中に蓄積されていることが望ましい状態です。そのため、企業内データベースからデータ基盤にデータを収集する必要があるのです。

データベースからデータを収集する方法には以下の3つがあります。

- SQL利用
- ファイル経由
- 更新ログ収集

これ以降、順に解説しますが、次項ではまずSQL方式について解説します。

▍SQLを利用したデータベース収集

　まずはSQLを利用したデータベースのデータ収集です。SQLそのものが強力なデータ処理プログラミング言語であるため、それを駆使することでデータベースから欲しいデータを収集できます。例えば、テーブルに100個の列があったとしても、分析に必要な列が20個だったら20列だけ選択して収集できます。他にも、テーブルに個人情報に該当するメールアドレスデータが格納してあった場合、SQLでデータを加工して個人を特定できないようにすることで、個人情報をデータ基盤に取り込まないといったことができます。

　また、SQLは多くのエンジニアが習得しています。データ基盤をつくったことがないエンジニアであっても、Webシステムでの開発経験があったり、基幹システムでの開発経験があったりすれば、それらの開発業務を通してSQLを習得しています。そのため、SQLによるデータ収集の開発は敷居が低く、多くのエンジニアが参加できると言えます[注13]。SQLの収集は利点が多いので多くの企業で導入していますが、いくつか注意すべき点があるので、次項以降で対処法と併せて解説します。

▍テーブルが大きい場合はフェッチを活用する

　対象のテーブルのサイズが数GByteで小さい場合は、図2-11のようにSELECT文を発行してデータを取得し、それを格納するというシンプルな方法をとれます。

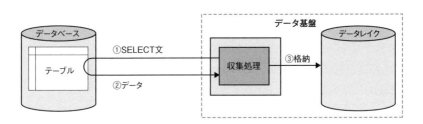

図2-11　数GByteの小さいテーブルを取得する方法

注13　本書では、SQLの解説の詳細に踏み込みません。ご自身に合った書籍・資料を参考にしてください。

　しかし、テーブルサイズが100GByteを超える大きいテーブルの場合は
この方法はおすすめできません。図2-11のシンプルな方法では、収集処
理が動くコンピュータのメモリ上にテーブルのデータを格納してそれを
データレイクに入れるのですが、テーブルのサイズが大きいとメモリに乗
り切りません。コンピュータのメモリサイズは大きいものでも64GByte程
度なので、100GByteのテーブルはこの方法では処理できないのです。そ
こで図2-12のような**カーソル**を用いて取得する方法をとります。

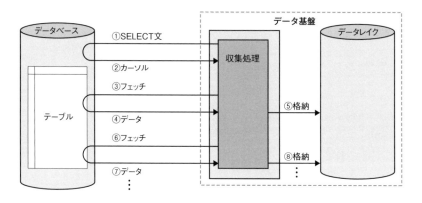

図 2-12　メモリ量よりも大きなテーブルを取得する方法

　この方法では、SELECT文を発行したあとにデータベースから返却され
るのは、テーブルの中身ではなくカーソルです。カーソルはテーブルの中
の特定の行を示すデータです。そのカーソルと欲しい行数を指定して
フェッチという命令をデータベースに送ることで、そのカーソルから行数
分だけテーブルの中身を取得して格納します。これによりメモリサイズよ
りも大きなテーブルを細切れにして取得できるわけです。
　例えば、MySQLに対してPythonを用いてデータを取得する場合、
PythonのMySQL Connectorライブラリにはfetchall関数[注14]があり、これ
を用いるとテーブルの全件をまとめて収集します。この代わりに

fetchmany関数[注15]を用いれば、指定した行数だけをフェッチすることができます。

収集が間に合わない場合は テーブルの一部だけを収集する

取得対象のテーブルが大きく、データ収集が予定時間内に終わらない場合は、テーブルの一部を収集する方法を検討します。この方法は、収集対象のテーブルが追記だけされるテーブルの場合と、追記だけでなく更新もされる場合とで異なります。

収集対象のテーブルが追記だけされるテーブルとは、ECサイトの商品購入テーブルのように、商品が売れたときに1行のデータが追加されるようなテーブルです。このようなテーブルに対しては、追加されたデータだけを収集する方法が利用できます。例えば図2-13では、テーブルの作成日付という列の値をもとに、12/9のデータだけを対象にしてSQLを発行して収集しています。このようにすれば対象のデータが減り、より短い時間で処理が終わります。

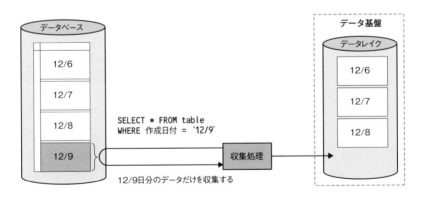

図2-13　追記のみのテーブルから一部を収集する

一方で、取得対象のテーブルが更新される場合は、一度取得したデータを再度取得する必要があります。例えば、ECサイトの会員テーブルのよ

注15　MySQL Connectorのfetchmany関数：
　　　https://dev.mysql.com/doc/connector-python/en/connector-python-api-mysqlcursor-fetchmany.html

うに、会員の情報が変わったら更新をしなければいけないようなテーブル
です。そのようなテーブルからデータを収集する場合は、元のテーブルの
列に更新日を用意し、更新日を指定してデータをデータレイクに収集し、
データウェアハウスにあるデータを更新する方法がよく用いられます。図
2-14の例では、更新日付が12/9のレコードを収集しデータレイクに保存
し、会員IDをもとにデータウェアハウスを更新しています。

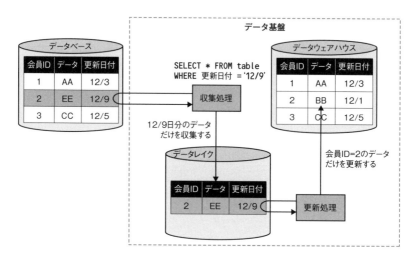

図 2-14　更新があるテーブルから一部を収集する

　注意したいのは、データウェアハウスによく用いられる分析用データ
ベースは基本的に格納したデータを直接更新することが苦手であり、製品
によっては更新のSQL、つまりUPDATE文が実行できません。そういった
場合はデータウェアハウスのデータを直接更新するのではなく、**データ
ウェアハウス内に一時領域を確保し、そこに更新後のテーブルを構築し、
更新対象テーブルと交換する**必要があります（図2-15）。データウェアハ
ウスによく用いる分析用データベースが更新を苦手とする理由については
2-15節に詳しく解説しています。

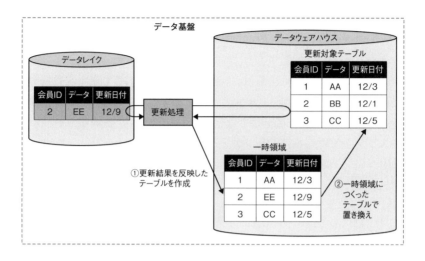

図2-15　UPDATE文が使えないデータウェアハウスにおけるテーブル更新方法

　このように、収集対象のデータが追記のみの場合と更新もある場合とでは収集方法は変わるのですが、どちらの方法でも注意すべき点があります。それは**インデックス**を利用することです。インデックスはデータベースの機能であり、インデックスが有効な列に対して絞り込み条件を指定すると、低負荷で高速に対象の行を特定できます。一方、インデックスが有効でない列に対して絞り込み条件を指定すると、テーブルの全データをスキャンして対象の行を特定する必要があり、高負荷で低速な処理になります。そのため、収集の際にはインデックスの有効な列に対して絞り込み条件を指定する必要があります。具体的には、追記の場合の例では作成日付の列にインデックスが有効であることを、更新もある場合の例は更新日付の列にインデックスが有効であることを確認してください。

それでも間に合わない場合はSQLを並列実行する

　テーブルの一部を収集する方法を用いても、なおデータ収集が予定していた時間内に終わらない場合は、1つのテーブルに対してSQLを並列実行することにより取得時間を短縮する方法があります。この方法では、収集処理を複数のワーカーに分けて分散処理を行います。**各収集ワーカーはSELECT文の条件式（WHERE句）を指定して、それぞれがテーブルの一部を収集する**ようにします。図2-16の例では各ワーカーでIDの値の範囲を分担して収集しています。これにより並列して収集処理ができるため、収集時間を短縮できます。

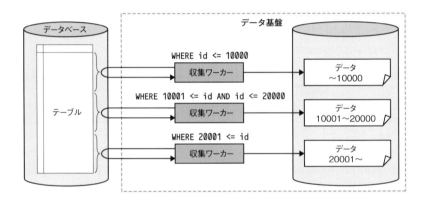

図 2-16　SQL を並列実行して収集する

　1つ注意しておきたいのは、テーブルを全件取得するよりも分割して取得する方が遅くなってしまうケースがあることです。

　まず、分割すると速くなる例を解説します。それは、ID（id）が10000以下のデータと、IDが10001以上20000以下のデータと、IDが20000以上のデータが、それぞれが別のストレージに格納されている状況です。このような状況であれば、データ収集によるストレージの負荷が分散され、単一のワーカーでデータを収集するときよりも短い時間でテーブルの全データを収集できます。

　次に、分割すると遅くなる状況ですが、これはIDの値にかかわらず1つのストレージにデータが格納されている状況です。この状況ですと、1つ

のストレージから3つのワーカーが同時にデータを収集することになり、ストレージがボトルネックとなり、データ収集処理は速くなりません。それどころか、分割することによって発生する余分なタスク（例えば条件による絞り込み処理など）が原因となり、分割しないで取得するときよりも処理は遅くなってしまいます。

　ビッグデータを相手にする場合は一般的に分散処理が有効なのですが、**処理のボトルネックを見極めずに無計画に分散処理をしてしまうと、速くなるどころか遅くなりますので注意してください**。必ずボトルネックの見極めを行い、そのボトルネックが分散処理によって解消できる場合にのみ、分散処理を利用するようにしてください。

■SQLによる収集はデータベースへの負荷が大きいためレプリカを用意する

　ここまでの解説でわかる通り、SQLによる収集は高機能で敷居が低いというメリットがありますが、一方で使い方によってデータベースに負荷がかかるというデメリットがあります。例えばECサイトの取引データを扱っているデータベースを考えると、そのデータベースはユーザのオンラインリクエストによって常に参照・更新されている状態です。このような状態のデータベースに対して、全件のデータ収集をするようなSQLを実行してしまうと、データベースの負荷が高くなり、オンラインリクエストへの応答が遅くなります。これでは、ECサイトの業務機能に影響を及ぼしかねません。

　データベースの負荷について、もう少し詳細に解説します。SQLによるデータ収集がデータベースに与える負荷は大きく3つあります。それはキャッシュ汚染、長時間クエリ、一時ファイルによるディスク圧迫です。

　まず**キャッシュ汚染**についてです。データベースには、頻繁に使うデータをハードディスクではなくメモリ上に保持しておいて、応答を高速化するキャッシュという機能があります。ECサイトの例であれば、頻繁に注文される商品のデータなどがメモリ上に保持されており、このデータへの参照はすぐに応答できるしくみです。キャッシュ汚染とは、このキャッシュ上のデータがデータ収集のSQLにより必要のないデータに書き換わってしまうことを指します。

　次に**長時間クエリ**についてです。今まで単にデータベースと解説してい

たものは、より正確にはオペレーショナルDBというデータベースであり、SQLに対して短い応答時間で結果を返せるようにつくられています。その応答時間は数ミリ秒から数十ミリ秒程度が一般的であり、100ミリ秒を超えるとクエリは「スロークエリ」という特別なクエリとして扱われることもあります。そんなオペレーショナルDBに対して、データ収集で実行するテーブルのすべてを取得するようなSQLは、数十から数百秒（数千から数万ミリ秒）の実行時間になることもあり、オペレーショナルDBにとってはリソースを大量に消費するクエリとなります。

　最後に**一時ファイルによるディスク圧迫**についてです。データベースの多くではORDER BYなどを用いてデータを並び替えるときに、並び替える対象のデータが大きいと、そのために必要なデータがメモリに収まりきらず一時ファイルを生成します。この一時ファイルが大きすぎる場合、ディスクの空き容量を圧迫し、場合によってはディスク容量が枯渇することでシステムが不安定になります。大量のデータを並び替えながら収集するときに注意する必要があります。

　これらの負荷を回避したい場合は、オンラインリクエストを処理するデータベースとは別に、データを取得するためのデータベースを用意する方法があります。多くのデータベースにはデータを同種のデータベースに同期するレプリケーションという機能があります。これを用いて**レプリカと呼ばれるデータベースの複製をつくり、そこから収集すれば、オンラインリクエストにほとんど影響を与えることはありません**（図2-17）。

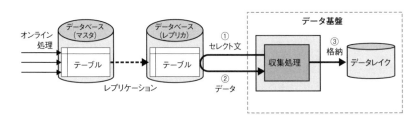

図 2-17　レプリカから収集する

2-6 データベースの負荷を考慮したデータ収集では、エクスポートやダンプファイル活用を視野に入れる

データをファイルにエクスポートして収集する

SQLによるデータ収集はデータベースに負荷がかかるため、レプリカを準備する必要があると前節で解説しました。実際には、レプリカの準備は費用や手間がかかるため、簡単なことではありません。

一般的に、コンピュータシステムを構成するコンポーネントの中でデータベースは最も高価です。それは大切なデータを一貫性を持って管理するために、ソフトウェアにさまざまな工夫がされているためです。高価なデータベースを複製するとなると、ハードウェア・ソフトウェアの両方の面で費用が増えます。そのため、すべてのケースでレプリカを用意できるとは限りません。

レプリカ複製の代替手段として、**データをファイルにエクスポートしてファイル経由でデータを収集する方法**があります。具体的なシステムは図2-18のとおりです。

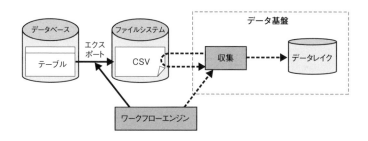

図 2-18　データを CSV にエクスポートして収集する方法

この方法ではデータベースのテーブルをCSVファイルとしてエクスポートして、それを収集します。SQLを利用するわけではないためデータベースのキャッシュを汚染しませんし、長時間トランザクションになることもなく、データベースへの負荷は小さいです。また、データベースによってはエクスポートするときに列の指定や条件により絞り込みができるものもあります。出力するファイルはCSVである必要はなく、JSONでもかまいません。前述したAVROやParquetも考えられますが、これらの形式のエ

クスポートに対応しているデータベースは多くありません。

　この処理を実現するには2つのポイントがあります。それはファイルシステムとワークフローエンジンです。

　まずはファイルシステムの準備が必要です。例えば、100GByteを超える大きなテーブルをCSVにエクスポートした場合、そのサイズ以上のファイルを一時的に格納できるファイルシステムが必要です。SQL方式ではメモリ上で処理していたため必要ありませんでしたが、この方式ではファイルシステムの準備が必要です。

　加えて、CSVにエクスポートする処理（図の実線）のあとに収集（図の破線）しなければならないため、処理の順序をコントロールするワークフローエンジンが必要です。堅牢なワークフローエンジンを構築して運用することは簡単ではないため、それ相応の運用コストがかかります。

　ファイルエクスポートにはデメリットが2つあります。

　1つは、エクスポートするファイルのサイズが、テーブルのサイズよりも大きくなってしまう問題です。テーブルのデータはバイナリデータであるのに対して、CSVやJSONは人間が読み取ることができるテキストデータであり、テキストデータの方がバイナリデータよりも大きくなるためです。例えばテーブルサイズが100GByteだったにもかかわらず、CSVにすると500GByte、JSONにいたっては1TByteになってしまうということも珍しくありません。ZIPなどの圧縮アルゴリズムを用いてCSVやJSONのデータを圧縮したとしても、データベースのテーブルサイズよりも小さくなることは少ないでしょう。

　もう1つは、SQL方式ほどではないですが、データベースに対する負荷はゼロではありません。データベースのデータをCSVやJSONといった形式に変換する際に一定の負荷はかかります。

　これらのデメリットを解消したい場合は、次に解説するダンプファイルを利用する方法があります。

ダンプファイルを利用する

　ダンプファイルを利用したデータ収集の方法は図2-19のとおりです。

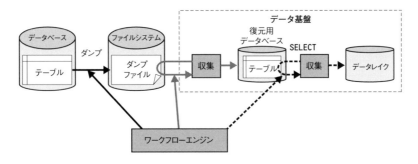

図 2-19　ダンプファイルを利用したデータ収集方法

　先ほどのファイルエクスポートの方法ではCSVなどの汎用的なファイルフォーマットにデータを出力しましたが、この方法ではデータベース専用のダンプファイルにデータを出力します。そのダンプファイルからデータを収集するのですが、そのままでは読み取れないため、一度データベースとして復元する必要があります。

　ダンプファイルの本来の用途はバックアップです。このダンプファイルを定期的に保存することにより、データベースが壊れた場合に復元できます。**そのバックアップ用に保存されているダンプファイルをデータ収集に流用してしまおうという作戦**です。

　ダンプファイルを用いたデータ収集は先ほどのファイルエクスポートの2つのデメリットを克服しています。ダンプファイルはそのデータベース専用のバイナリ形式でデータを格納しているためファイルサイズは大きくありません。また、出力時にデータの変換がいらないためデータベースへの負荷も高くありません。

　一方で、前提として復元用のデータベースを用意する必要があります。レプリケーションのしくみは必要ないので複製データベースをつくるよりは少ない費用で済みますが、それでも安くはありません。また、ダンプファイルはテーブルやデータベースをまるごと出力することしかできないため、列を指定したり条件によって行を絞り込むことができないというデメリットもあります。

2-7 更新ログ経由のデータベース収集は データベースの負荷を最小限にして リアルタイムに収集できる

データではなく操作を収集する

　前節までで、SQLを利用した方法とファイルエクスポートによる方法を解説してきましたが、どちらも蓄積されたデータそのものを収集する方法でした。本節で解説するのは、データではなくデータに対する操作を収集する方法です。どういうことか例を挙げて解説しましょう。

　図2-20はこれまでに解説したデータそのものを収集する様子です。このように、ジョブの実行タイミングでその時点のテーブルのデータを収集していました。

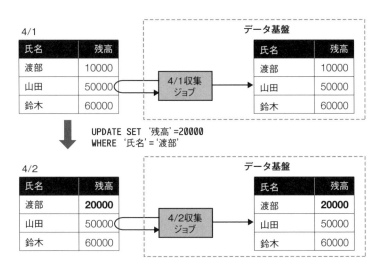

図2-20　データそのものを収集する

　一方、「操作を収集する」とは、データそのものではなくデータに対する操作が記録された「更新ログ」を収集します。図2-21では、残高を20,000円に更新する操作を収集し、それをデータ基盤側で適用することにより、データ基盤のデータベースを更新します。

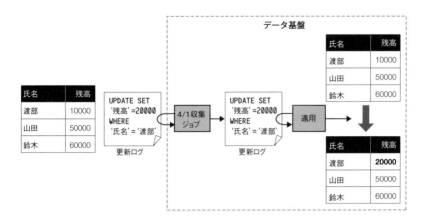

図 2-21 データに対する操作を収集する

操作が記録された更新ログを収集する

更新ログを用いたデータ収集の全体構成は図2-22のようになります。

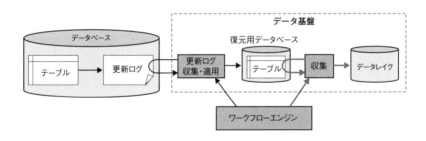

図 2-22 更新ログを収集するシステム構成

まず、データベースに更新ログを出力するように設定します。Oracleであれば REDOログ[注16]、MySQLであればバイナリログ[注17]が更新ログにあたります。またデータ基盤側にはデータベースと同じ種類の復元用データ

注16 REDOログ：https://docs.oracle.com/cd/E16338_01/server.112/b56301/onlineredo.htm
注17 バイナリログ：https://dev.mysql.com/doc/refman/8.0/ja/binary-log.html

ベースを用意します。そして、更新ログを収集して復元用データベースに取り込みます。復元用データベースがデータベースと同じ内容になったら収集処理にてデータレイクにデータを収集します。

　更新ログを収集することにより、収集するデータ量が少なくなります。図の例を見てわかる通り、データを収集する場合はテーブルのサイズのデータを収集する必要がありましたが、更新ログを収集する場合は更新があったデータだけを収集します。例えば収集対象のテーブルが1TByteあったとしても、更新した量が1GByteであれば、1GByteのみ収集します。

　収集するデータ量が減ることは、3つのメリットをもたらします。

　1つはデータ収集速度が向上する点です。ケースによってはデータを収集する時間に期限が設けられていることがあります。例えばECサイトにおいて、夜間にユーザテーブル全体を収集する必要があるといった場合であっても、更新データだけであれば収集を終えることが可能かもしれません。

　2つめは、データベースからデータ基盤に至るネットワークの帯域が小さくてもよいという点です。データベースとデータ基盤の間が帯域の大きいネットワークで接続されている場合は、収集するデータ量が多くても問題にならないかもしれませんが、帯域が小さい場合は問題となることがあります。例えば、大量のデータ収集がネットワーク帯域の大半を占めてしまい他の通信に影響を及ぼすことや、ネットワークがボトルネックとなり目標時間内にデータ収集が終わらないことがあるでしょう。特に、データベースがオンプレミスにありデータ基盤がクラウドにある場合では、その間のネットワークは帯域の少ないネットワークになりがちです。そういったときでも更新ログだけを収集すれば、データ量を少なく抑えることができます。

　3つめは、更新ログを収集する方法はデータベースに対する負荷が最小になる点です。更新ログを出力することはデータベースとしては当たり前の機能であり、ログを出力することの負荷はデータベースの設計に織り込み済みです。そのため、今まで解説したSQLによる収集やファイル経由の収集よりも少ない負荷で更新ログを出力できます。

　このように嬉しいことだらけの更新ログ収集方式ですが、いくつかデメリットもあります。

　まず1つめは、専用の製品を使う必要があるため、この方式を気軽に構築できません。というのも、更新ログファイルを収集すること自体は簡単

ですが、その更新ログの中身は人間が読めるように文章化されていません。ログの中身を読み解き復元用データベースに更新を反映する作業は極めて難しく、自分でしくみをつくることはほぼ不可能といってよいでしょう。例えば、OracleのREDOログはOracle社専用のツールでしか中身を読むことができず、そのまま復元用データベースに取り込めません。かつこれを実現するツールは有償で高価であることが多いでしょう。

　2つめは、収集のしくみが複雑になるということです。図2-22を見てわかる通り、復元用データベースを準備する必要があります。加えて、更新ログを収集・適用する処理と、復元用データベースからデータを収集する処理の2つを用意する必要があります。そして、これらの順序を制御するためのワークフローエンジンも必要です。

　3つめは、収集対象となるテーブルの列の選択や行の絞り込みができない点です。更新ログはデータベースに対するすべての更新が記録されるファイルですので、特定の列や行の更新だけを選んで収集・適用することはできません。

Column　レプリカから収集する方法と更新ログ収集は何が違う？

　レプリカを作成してデータを収集する方法と、更新ログを収集する方法は似ています。もともと更新ログはレプリカをつくるためのしくみでもあるため、更新ログを他のデータベースに転送して複製し、複製したデータベースから収集するという点では、両方の方式は同じです。では何が違うのでしょうか？

　筆者は複製したデータベースの管理者が異なると考えます。

　レプリカから収集する方法では、複製したデータベースの管理者はデータソースのシステム管理者です。例えば、ECサイトにおいてオンライン処理を受け付けるデータベースの可用性を高めるために、メインのデータベースとは別に複製したデータベースを用意した場合、メインのデータベースと複製したデータベースの両方とも、ECサイトのデータベース管理者の管理下にあります。

　一方で、更新ログ収集の場合は、複製したデータベースはデータ基盤側の管理となるでしょう。

更新ログ収集はCDCツールが本命

　更新ログを収集する方法の1つに**CDCツール**の利用があります。CDCツールを使うことにより、復元用データベースを準備することなく、より簡単に更新ログ収集が実現できます。

　CDCとはChange Data Captureの略称であり、データの変更を検知して取得することを意味します。CDCの実現方法はさまざまあり[18]、2-5節で解説したテーブルに更新日付の列を使って、更新のあったデータのみをSQLで抽出する方法もその1つです。そして今回解説する更新ログを取得する方法もCDCの1つです。

　CDCツールでは更新ログを収集したあとに、復元用データベースに取り込まず直接データレイクに書き込みます。CDCツールの内部では更新ログを収集したのち、それをその場で解釈し、データレイクに直接変更を送信します（図2-23）。

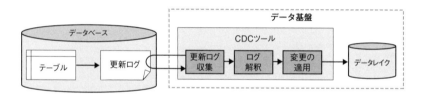

図 2-23　CDC ツールを用いた更新ログの収集と適用

　CDCツールの最大の特徴は、起動しておけば、ほぼリアルタイムにデータベースのデータを収集できる点です。データレイクで鮮度の高いデータを利用したい場合には有効な選択肢となるでしょう。

　一方で、CDCツールは前述した更新ログ収集のしくみよりもさらに複雑になるデメリットがあります。というのも、このしくみを自前でつくることは難しく、専用ツールを使う必要があることに加えて、利用できるツールは高価です。具体的には、AWSのDatabase Migration Service、GCPのDatastream、Oracle社のGoldenGate、Qlik（Attunity）、troccoなどがあります。

注18　CDC の実現例：https://en.wikipedia.org/wiki/Change_data_capture

　CDCツールでリアルタイムにデータを収集する場合に注意したい点は2つあります。

　1つは、データベースとデータレイクの性能の特性が異なる点についてです。取得対象のデータベースのテーブルに挿入しかされない場合はあまり問題にならないのですが、頻繁に更新・削除される場合は注意が必要です。データベースは更新・削除に強いオペレーショナルデータベースを用いるのに対して、データレイクに用いる製品は更新・削除に不向きなオブジェクトストレージや分析用データベースを用いるためです。オブジェクトストレージは、データをファイルとして格納するため、追記であれば新しいファイルをつくるだけでよいのですが、ファイルの一部を更新したり削除したりするとなると、負荷の高い処理となります。分析用データベースも同様に更新・削除には不向きです（2-15節で詳しく解説します）。そのため、CDCツールを構築する前には、データレイク製品の性能特性をチェックして、負荷に耐えられるか十分にチェックする必要があります。また、データレイク製品がその負荷に耐えられなかったとしても、CDCツール側で工夫してデータレイク製品との性能差を吸収してくれる場合もありますので、この点もチェックしましょう。例えばStriim[注19]では、更新データを一次領域にいったん書き込み、ある程度たまったら更新対象にマージするしくみをとることで、性能差を吸収できるようにしています。

　2つめは、障害などで処理が止まったときの再実行が難しいという点です。前述したSQLを用いた収集やファイル経由の収集であれば、収集処理に失敗しても再実行が可能でした。しかしCDCツールでリアルタイムに更新ログを収集しているときに、一定期間更新ログの収集に失敗してしまうと、収集できていなかった期間の更新ログをすべて収集して取り込んでからでないと新しい更新ログは収集できません。例えば、金曜の夜から月曜の朝まで更新ログの収集に失敗した場合に、金曜から日曜までデータの復旧は後回しにして、月曜のデータだけを先に収集するといったことができないのです。また、取得元データベースの更新ログは一定期間で消去することが一般的ですので、取得元データベースのログ保存期間よりも長い期間にわたり収集が停止した場合、取り込むべきすべての更新ログを収

注19　Striim：https://www.striim.com/docs/en/bigquery-writer.html

集できず、復旧不可能となってしまいます。例えば、データベース側が2日分の更新ログしか保存しない設定になっていたときに、更新ログの取得が3日以上止まれば復旧は不可能です。こうなってしまうと、取得元データベースと取得先の再同期が必要となり、大変な手間がかかります。

2-8 各データベース収集の特徴と 置かれた状況を理解して使い分ける

データベース収集方法のまとめ

　これまで解説したデータベースからのデータ収集方法を表2-2にまとめました。

表 2-2　データベース収集方法のまとめ

分類	方法	方法	メリット	デメリット
SQL 利用	1.SQL	データベースから SQLで直接収集	・SQLは習得が簡単 ・列や行を絞れる	・データベースへの負荷が高い
	2.レプリカ から SQL	レプリカのデータ ベース から SQL で収集	・SQLは習得が簡単 ・列や行を絞れる ・データベースへの 負荷が低い	・レプリカのデータベースの準 備が大変
ファイル 経由	3.エクス ポート	CSV などに エク スポートして収集	・構築は難しくない ・列や行を絞れる	・データベースへの負荷は中程度 ・ファイルシステムが必要 ・ワークフローエンジンが必要
	4.データ ベース ダンプ	データベースダン プを収集して、復 元用データベース に適用し、そこか ら 収集	・データベースへの 負荷が低い ・すでにバックアップ 用のダンプがあれ ば流用可能	・列や行は絞れない ・復元用データベースが必要 ・ワークフローエンジンが必要
更新ログ 収集	5.更新ログ から DB復元	更新ログを収集し て、復元用データ ベースに適用し、 そこから収集	・データベースへの 負荷が最小 ・データ収集量が少 ない	・更新ログの適用には専用ツー ル必要 ・列や行は絞れない ・復元用データベースが必要 ・ワークフローエンジンが必要
	6.CDC ツール	CDC ツールを用 いて更新ログをデ ータレイクに直接 適用	・データベースへの 負荷が最小 ・リアルタイム収集 が可能 ・データ収集量が少 ない	・更新ログの適用には専用ツー ル必要 ・列や行は絞れない ・障害時の復旧が難しい

使い分けのコツ

これらの方式を使い分けるコツについて、筆者の経験をもとに解説します。

まず最初に考えるべき方法は「2.レプリカからSQL」です。SQLによって列や行を絞ることができるうえ、レプリカのデータベースからの収集であれば収集元のデータベースへの負荷を少なくできます。実際に多くの現場でこの収集方法がとられています。まずはこの方式を試してみましょう。

もし収集対象のデータベースにレプリカがない場合は、状況によって採用する方法を変えていきます。データソースのデータベースが重要な業務との連携が少なくデータ収集の負荷に耐えられる場合は「1.SQL」を採用しましょう。負荷を考慮しなければならない場合は、「3.エクスポート」、「4.データベースダンプ」、もしくは「6.CDCツール」を検討します。

予算が限られている場合は「3.エクスポート」が最も安く実現できます。その理由は前述したように「4.データベースダンプ」では復元用データベースが必要となりますし、「6.CDCツール」では多くのツールが有償であるためです。「3.エクスポート」であれば費用はかかりませんが、CSVファイルをエクスポートする処理の負荷はそれなりに高いため、その負荷に耐えられるシステムを構築できるかどうかが採用の判断ポイントになるでしょう。

予算が見合えば、「4.データベースダンプ」と「6.CDCツール」のどちらかを選ぶのですが、ユースケースに依存します。リアルタイムで収集したい場合や収集するデータ量を減らしたい場合は「6.CDCツール」を、そういった要件がない場合は「4.データベースダンプ」を選ぶことになるでしょう。

最後に「5.更新ログからDB復元」ですが、この方式はあまりメリットがなく、この方式を選んでいる事例は少ないです。ただし、収集するデータ量を少なくすることが必須であり、データベースが特殊で対応するCDCツールがない場合は、この方式をとらざるを得なくなるでしょう。

どの方式もうまくいかない場合

元のDBに負荷をかけることが許されず、レプリカもなく（あっても使わせてもらえず）、予算も限られている場合はどうしたらよいでしょうか。こういったケースは稀に思えますが、実はこういった状況は少なくありま

せん。例えば、データベースが会社の業務の根幹を担っており、データベース管理チームが強い立場にあり、一方でデータ基盤は会社で理解を得られておらず弱い立場にある場合、こういった状況に陥りがちです。データベースを管理している担当者から「本番データベースを他の部署が参照するなんてありえない。本番障害になったらどう責任をとるつもりだ！」といった論調で責められてしまうデータ基盤担当者は、世の中にたくさんいるのです。

　そういった場合は、データベースからのデータ収集は諦め、**データベースにデータを入れているアプリケーションからデータを収集する作戦を考えてみましょう**。例えば、ユーザの購買履歴データが欲しい場合に、データベースにある購買テーブルからは収集ができなかったとしても、購買を処理したアプリケーションのログからその情報を収集できれば目的は達成できます。この方法については次節で解説します。

2-9 ログ収集はエージェントのキャパシティに注意

ログとは

　エンジニアの人がログという言葉を見ると、システムの障害対応のときに確認するエラーメッセージが出力されたファイルをイメージするでしょう。しかし、データ分析の文脈においてログ収集というと、分析対象の人や物の振る舞いを記録する時系列のデータを指します。2つの具体例を用いて解説しましょう。

　よく分析の対象となるログの1つは、**Webサーバのアクセスログ**です。主なWebサーバにはApache HTTP Serverやnginxが挙げられ、Webサーバが出力するアクセスログには、次のような情報が格納されています。

- アクセスした時間
- アクセス元のIPアドレス
- アクセスに用いた端末情報（ユーザエージェント情報）

- アクセスしたURL
- Webアプリケーションが設定した、ユーザを識別する情報

　このログを分析することで、Webサイトのどのページがどれだけ表示されているかや、ユーザがどんなアクションをしているかがわかります。

　他によく分析に利用されるログは、**アプリケーションのログ**です。例えばECサイトには、商品の購買を処理するアプリケーションがあります。そのアプリケーションでは商品の在庫を減らしたり決済したりするのですが、その処理の結果をログファイルに出力するシステムをつくります。このログを収集することで、いつ誰がどんな商品を購入したかという情報を分析できます。購入のデータであればデータベースにも入っているため、わざわざログを収集する必要はないように思えるかもしれません。しかし、多くの場合、データベースには確定された情報しか格納されていません。例えば「購入しようと思い商品詳細画面に行ったけれど、購入を確定する前に離脱した」という情報は、データベースに格納されていませんが、アプリケーションのログからはその様子が鮮明に分析できることがあります。

ログはログ収集エージェントで収集する

　ログはどのように収集するのでしょうか。ログの実態はファイルなので、前述したファイル収集の方法を用いて収集できるように思えるかもしれません。しかし、ログはファイルの末尾に新しい行が常に追記されるため、1回そのファイルをコピーして収集完了とはいかず、定期的にファイルを確認し、追記された行があれば新たに収集する必要があります。この点が前述のファイル収集とは異なる点であり、ファイル収集の方法を適用できない理由です。

　そこで「**ログ収集エージェント**」を利用します。ログ収集エージェントを用いてアプリケーションのログを収集している様子を図2-24に記載します。

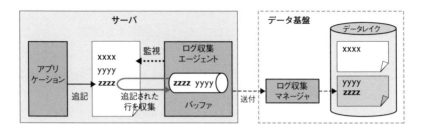

図 2-24　ログ収集エージェントでアプリケーションログファイルを収集する

　はじめにログ収集エージェントに監視対象となるログファイルを指定します。アプリケーションは処理をするたびにログファイルに行を追記しますが、ログ収集エージェントは行が追加されるとその行を収集し、バッファに溜め込みます。そして、タイミングを見計らってバッファのデータをログ収集マネージャに送付し、ログ収集マネージャはそれをファイルとしてデータレイクに蓄積します（データレイクがDBの場合はレコードとして挿入します）。

　このしくみのポイントは、**ログ収集エージェントがバッファを持っている**点です。バッファがあることで、ログ収集マネージャの負荷を一定にでき、ログの欠損を防げるという2つのメリットがあります。例えば、インターネットにアプリケーションを公開していると、キャンペーンなどにより一時的にアクセスが集中し、収集すべきログの量が普段より何十倍も増えることがあります。これをログ収集マネージャに一度に送付してしまうと、ログ収集マネージャがその負荷に耐えきれない可能性があります。そこでログ収集エージェントが一定数ログを保持しておいて、ログ収集マネージャの負荷が減ったら送付することにより、ログ収集マネージャの負荷を一定に保てます。また、仮にログ収集マネージャがダウンしてしまったとしても、復旧するまでの間、ログ収集エージェントがバッファの中に溜め込んでおけるので、ログの欠損を防ぐことができます。

　これにより、高負荷でもログを欠損することなく収集できるように思えるのですが、注意すべき点が1つあります。それはログ収集エージェントのバッファが溢れないようにすることです。バッファ内のログを収集マネージャに送付できない期間が長引くと、やがてバッファに収まりきらず、

ログを失ってしまう可能性があります。そうならないように、事前にどれくらいのログが出力されるかを見積り、必要なバッファサイズを確保することが重要です。

■ ログ収集ができる製品

ログ収集は複雑なしくみであるため、自前で開発することは少なく、オープンソース、有償製品、もしくはクラウドサービスを利用することがほとんどです。オープンソースではTreasure Data社が中心となって開発したfluentdやfluent-bit、Elastic社が中心となって開発したLogstashが有名です。クラウドサービスでは AWSのCloudWatchエージェントやGCPのCloud Logging Agentなどがあります。

2-10 端末データの収集は難易度が高いためできるだけ製品を利用し無理なら自作する

■ 端末データは大量だが有用

これまでファイル、API、データベース、ログなどさまざまなデータの収集方法を解説してきましたが、本節で収集するのは端末で発生するデータです。このデータはこれまで解説してきたどんなデータよりも細かく大量です。

端末データとして代表的なものが3つあります。ブラウザイベント、スマホアプリイベント、そしてIoTデバイスデータです。これらのデータはどれも大量ですが、分析にあたって有用なデータです。

まず、ECサイトを例に挙げて**ブラウザイベント**について解説します。ブラウザイベントとはユーザがブラウザ上で行うさまざまなアクションを指します。「画面をスクロールする動作」や「検索キーワードを入力する動作」といったものから、「マウスがどういう軌跡を描いたか」といったものまであります。このイベントはログやデータベースのデータよりも情報量が多く、ユーザの動作をより細かく分析したいときに有用です。ログ上ではそのサイトに「10秒間滞在して離脱した」という情報しか残りませんが、画

面のスクロールイベントを見ることで、「10秒間で目的の情報を探すために画面を上下して結局見つけられなかった」という細かい動作を知ることができます。

　次に、**スマホアプリイベント**ですが、これはブラウザイベントと似ています。ユーザがWebブラウザではなく、スマートフォンのアプリケーションを開いたり画面遷移したイベントを収集したりします。スマートフォン上でユーザの動作を分析するのに用います。

　最後に、**IoTデバイスデータ**です。例えばスマートフォンからタクシーを呼べる配車サービスでは、車に取り付けたデバイスを用いて、速度・加速度はどうだったか、車の状態は空車だったか、位置情報と組み合わせて0.1秒ごとに車がどの場所にいたかなどの情報を収集します。このデータを用いて、ユーザが配車依頼をしたときにどの車を向かわせると最適か計算をしたり、ユーザの画面に車が近寄ってくる様子を描写したりします。すべての車両から高い頻度でデータを集める必要があり、大量のデータになりますが、このデータがないことには配車サービスそのものが成り立たない重要なデータです。

ブラウザイベントやスマホアプリイベントはデータ収集製品を利用する

　前述の通り、ビジネスによっては端末から生じる大量のデータを収集することが必要になりますが、これを実現するためにはここまでに解説したデータ収集方法では対応できません。ではどのようにデータ収集したらよいでしょうか？

　まず最初に検討すべきは、**欲しいデータを収集できる製品がないかを探す**ことです。

　実は、ブラウザイベントやスマホアプリイベントであれば、多くのデータ収集製品があります。というのも、ユーザの端末上の行動を分析してWebサイトやスマートフォンアプリケーションの改善に利用する取り組みは、企業にとって競争を勝ち抜く上では必要不可欠な施策です。そのためITベンダは競って製品を提供しています。

　ブラウザイベントであればアクセス解析ツールと呼ばれる製品があります。解析したいWebサイトの中にアクセス解析ツールで用いるコードを

埋め込み、そのコードがブラウザ上のイベントを検出して、アクセス解析ツールのサーバにデータを送付します。データを収集する場合は、アクセス解析ツールのデータをエクスポートし、そのデータを収集する場合もありますし、アクセス解析ツールからデータレイクに直接データをエクスポートする場合もあります。アクセス解析ツールの代表的な製品はAdobe Analytics[20]やGoogle Analytics[21]です。

　スマホアプリイベントについても、同じようなツールがあります。このツールでは専用のデータ送付用ライブラリをスマートフォンアプリケーションの中に組み込み、そのライブラリがユーザの操作イベントを収集します。代表的な製品はGoogle Analytics for Firebase[22]です。

　このように、ブラウザイベント収集やスマホアプリイベント収集に利用できる製品が展開されています。もし、これらの製品で十分にデータが取得できるのであれば、自前でシステムをつくるのは難しいことから、これらの製品を利用することを強く推奨します。次項のIoTデバイスデータデータの収集の例でなぜ難しいのか解説します。

▍自作する場合は分散メッセージキューを使う

　ブラウザイベントやスマホアプリイベントとは異なり、IoTデバイスデータを収集に利用できる製品はほとんどありません。一部パブリッククラウドのサービスに、IoTデバイスデータを収集するサービスがありますが、どんなデバイスにも対応しているわけではなく、デバイスの種類やOSに制限があります。IoTデバイスデータを収集する場合は、自作でデータ収集のしくみをつくることが多いでしょう。

　ブラウザイベントやスマホアプリイベントであっても、アクセス解析ツールで十分なデータが得られない場合は自作することもあります。例えば、ユーザがECサイト上で商品を購入するか迷っている状態を検知して、即座にクーポンを発行することで、購買確率を高めるケースなどで検討することになります。これを実現するためには、ユーザのブラウザイベント

注20　Adobe Analytics：https://business.adobe.com/jp/products/analytics/adobe-analytics.html
注21　Google Analytics：https://analytics.google.com/analytics/web/
注22　Google Analytics for Firebase：https://firebase.google.com/products/analytics

を即座にデータ基盤に取り込んで、迷っているかどうかを分析し、数秒以内にブラウザにクーポンを表示する必要があります。このケースでは応答速度が重要であるため、アクセス解析ツールを使って実現することは難しいです。その理由は、アクセス解析ツールを利用すると、イベントデータの送付先がアクセス解析ツールのサーバになってしまい、データ基盤ですぐにそのデータを利用することができないためです。このケースでは、自前のしくみが必要となります。

　ではどのように端末が生成する大量のデータを収集するシステムをつくるのでしょうか？　一般的には図2-25のようなシステム構成にすることが多いです。

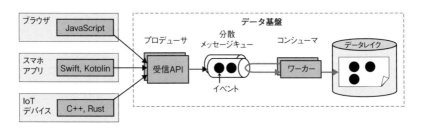

図 2-25　分散メッセージキューを用いた端末データ収集のシステム構成図

　まず左側にあるのはイベントの発生元とそこに組み込まれた送付プログラムです。ブラウザであればブラウザに仕込んだJavaScriptのプログラム、スマホアプリであればSwiftやKotlinで書かれたプログラム、IoTデバイスであればコンパイルされたC++やRustのプログラムが送付プログラムです。この送付プログラムは端末で起こるイベントを収集し、受信APIに送付し、受信APIは分散メッセージキューにイベントを溜め込みます。分散メッセージキューに溜め込まれたイベントは、ある程度溜まったらワーカーによって1つのファイルにまとめてデータレイクに蓄積されます。

　このシステムのポイントは**分散メッセージキュー**です。イベントデータはログデータと比べて10倍以上、ときには100倍以上の大きさになります。加えて、ログデータのように流量が安定せずいきなり普段の数十倍のデータ量が送られてくることもあります。それをうまく処理するためには、大量のイベントをいったん受け止めておくしくみが必要であり、それが分

散メッセージキューです。もし分散メッセージキューを使わずにイベントデータを直接データレイクに蓄積しようとすると、データレイクはその負荷に耐えられない可能性があります。

　分散メッセージキューについて少し詳しく解説しましょう。本来キューとは先入れ先出しのデータ構造であり、特定のプログラムや製品を指すものではありません。小規模なものであればプログラミング言語のライブラリとして用意されているキューがあり、これはプログラムの中に組み込まれて使われます。より大量のデータを扱う場合は、専用のミドルウェアとして提供されていて、メッセージキューと呼ばれます。分散メッセージキューは、それをさらに分散システムに対応させたミドルウェアで、1つのサーバでは扱いきれないような大量のデータであっても分散することで扱えるようにしています。

　キューにデータを投入する役割は「生産者」または「プロデューサ」、データを利用する役割は「消費者」または「コンシューマ」と呼ばれています。

分散メッセージキューの注意すべき特徴

　分散メッセージキューは分散システムであるがゆえ、いくつか注意しなければいけない特徴があります。「順序性保証の有無」「メッセージの重複の有無」「可視性タイムアウト」の3つです。

　まず、**順序性保証の有無**ですが、順序性保証がなければ、データをキューに入れた順序と取り出す順序が一致しない可能性があります。例えば、イベント1、イベント2という順番で分散メッセージキューにデータを入れたとしても、それを処理するときにはイベント2、イベント1という順序になる可能性があるということです。この問題に対応するためには、イベントの中にタイムスタンプを入れてそれをもとにイベントを正しい順に並び替える必要があります。

　次に、**メッセージの重複有無**です。メッセージの重複があると、1つのメッセージを2回以上処理することになります。例えば、イベント1を処理したあとにもう一度キューからデータを取ると、またイベント1が取れるということです。この問題に対応するためには、処理を冪等につくることが必要です。冪等とは何度その処理をやっても結果が同じになるという

ことです。

　最後に、**可視性タイムアウト**です。可視性タイムアウトとは、あるコンシューマがメッセージを処理している間は、他のコンシューマにはそのメッセージは見えないようにする時間のことです。このタイムアウトの時間が処理時間に対して短いと、同じメッセージが異なるコンシューマから見えることになり、複数のコンシューマが同じメッセージを処理し、同じ処理結果を複数回書き込むことになります。この問題に対応するには先ほどと同じく処理を冪等につくる必要があります。

　このように分散メッセージキューには3つの特徴があるのですが、これらは処理性能とトレードオフの関係にあるため注意が必要です。つまり、利用する側としては「順序性保証あり」「メッセージの重複なし」「可視性タイムアウトが長い」という状態が理想なのですが、その代わりに処理性能が劣化します。クラウドサービスの分散メッセージキューであれば、処理性能は劣化しない代わりに利用料金が割高になることがあります。

▌分散メッセージキューをうまく運用するコツ

　分散メッセージキューをうまく運用する2つのコツを解説しましょう。

　1つめのコツは**デッドレター**をうまく扱うことです。デッドレターとはどのコンシューマが処理しても必ず失敗するメッセージで、デッドレターが一度キューに投入されてしまうと、誰もそれを処理できずに永遠にキューの中に残り続け、処理性能の劣化などの原因になります。例えば、コンシューマのプログラムのエラーハンドリングにバグがあり、想定していないメッセージを処理するとプログラムがクラッシュしてしまう場合は、そのメッセージはデッドレターとなります。そこで、デッドレターを逃してあげる先を用意しておくことがコツです。例えば5回以上コンシューマーで処理に失敗したメッセージは、デッドレター専用のキュー（デッドレターキュー）に入れてしまいます。製品によっては、デッドレターキューをつくることができます。

　2つめのコツは、**バックプレッシャー**です。メッセージの生成速度が消費速度よりも早い場合、分散メッセージキューに蓄積されるメッセージの量が増え続け、メッセージが溢れてしまうことでエラーが発生します。こ

れを防ぐために、プロデューサに対して生成量を抑止するように依頼するしくみがバックプレッシャーです。このしくみを用意しておけば分散メッセージキューの溢れを防げます。

具体的なシステムのつくり方

本節の最後にプロデューサ、分散メッセージキュー、コンシューマをどのようにつくったらよいかを表2-3に整理しました。なお、この表は本書の執筆時点である2021年11月の情報を元にしています。今後新しい製品やサービスが現れることを念頭において、参考にしていただければ幸いです。

表2-3　プロデューサ、分散メッセージキュー、コンシューマのつくり方

		オープンソース	AWS	GCP
プロデューサ		自前プログラム	自前プログラム	自前プログラム
分散メッセージキュー		Apache Kafka、Confluent Cloud	Kinesis Data Streams	Cloud Pub/Sub
コンシューマ	そのまま格納	自前プログラム	Lambda、Kinesis Data Firehose	Cloud Functions、Cloud Dataflow Template
	加工して格納（ウインドウ集計など）	ApacheSpark Streamings、Apache Flink	Kinesis DataAnalytics	Cloud Dataflow

まず、プロデューサですが、基本的には自前でつくります。端末から来たメッセージを分散メッセージキューに入れるだけですので、そこまで難しくはありません。AWSであればAPI Gateway + Lambdaの組み合わせで簡単につくれます。

次に、分散メッセージキューですが、オープンソースであればApache Kafkaが有名ですし、それをクラウドのマネージドサービスにしたConfluent Cloudもあります。AWSではKinesis Data Streamsがこの用途で利用するサービスです。SQSというキューサービスもありますが、データ収集の用途ではなく、主にサービス間で処理を非同期に接続するためのメッセージキューとして利用されます。GCPにはCloud Pub/Subというサービスがあります。

最後にコンシューマですが、メッセージをそのままデータレイクに格納

する場合と加工して格納する場合で、つくり方は変わります。

　メッセージをそのまま格納する場合、オープンソース製品を用いて自前でつくります。AWSであれば、Lambdaを用いるとKinesis Data Streamsに入ったメッセージを自動的に受け取ることができて便利です。他にもKinesis Data Firehoseを用いればコーディングをしなくてもAWSの各種サービスにデータを配布できます。GCPではCloud FunctionsがAWSのLambdaと同様のサービスであり、Cloud Dataflow TemplateがKinesis Data Firehoseと同等のサービスです。

　メッセージを加工して格納する場合ですが、これは一定時間範囲のメッセージ群に対して集計などの加工処理を行い格納する方法をとります。例えば、余りにもデータが多すぎてすべてを格納できない場合に、10分間に発生したメッセージの件数を集計して、集計値だけを格納します。こういった処理をウインドウ集計と呼びます。自前でプログラムをつくるのはなかなか難しいため、製品の利用をおすすめします。オープンソースであればApache SparkのStreamings機能やApache Flinkを利用します。AWSであればKinesis Data Analytics、GCPであればCloud Dataflowがその機能です。

2-11 ETL 製品を選ぶポイントは利用するコネクタの機能性とデバッグのしやすさ

ETL 製品とは

　データ収集を行う製品は慣例的に「ETL製品」と呼ばれます。ETLはExtract Transform Loadの略であり、データを「抽出」「加工」「ロード」することを意味します。

　世の中には数多くのETL製品が存在します。ETL製品を分類する方法は大きく2つあります。「提供形態の違い」と「複雑な加工ができるかどうか」です。本節はここでETL製品の分類方法を押さえたあと、選定のポイントを解説していきます。

　まずETL製品の**提供形態の違い**ですが、オープンソース、有償製品、そしてクラウドのサービスの3つがあります。オープンソースの例は、

Treasure Data社が中心となって開発しているembulkやfluentd、Apache Hadoopプロジェクトに含まれるApache SqoopやApache Nifi、そしてTalendといったETL製品があります。国内では、有償製品はDataSpider、ASTERIAなどを利用する事例をよく聞きます。クラウド上のサービスではAWSのGlueやDMS（Database Migration Service）、GCPのCloud Data Fusion、DMS（Database Migration Service）が有名でしょう（AWSとGCPには両方ともDMSという名前のサービスがあります）。また、primeNumber社はembulkのマネージドサービスtroccoを提供しています。Talendはオープンソース版製品の提供やクラウドにも対応しています。

　次に**複雑な加工ができるかどうか**についてです。Apache Nifi、Talend、DataSpider、ASTERIA、GlueそしてCloud Data Fusionといった製品は複雑な加工ができます。ここで言う複雑な加工とは、複数の異なるデータソースからデータを抽出して、それらを組み合わせて新たなデータとして加工して、それをロードする機能です。例えば、データベースにあるテーブルとオブジェクトストレージに置かれたCSVファイルを結合してロードするといったことが可能です。一方、embulk、fluentd、Sqoop、DMSそしてtroccoといった製品は抽出とロードに特化した製品であり、複数のデータソースを結合するような複雑な加工はできません。

▍使うコネクタの機能を重視する

　ETL製品は、さまざまなデータソースからデータを抽出し、さまざまな格納先にロードできます。多くの製品ではコアとなるエンジンとは別に、データソースや格納先ごとにコネクタを提供しています（図2-26）。

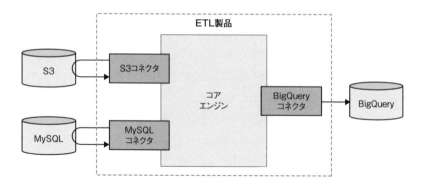

図 2-26　ETL 製品の概要

　ここで ETL 製品選びのコツを解説します。それは、利用する予定の**コネクタの機能に注目する**ことです。例えば、MySQL コネクタであれば、「SQL 収集によるテーブル全件の収集ができる」は当然の機能として、「WHERE 句による条件式を指定した収集ができるのか」や「前回との差分のみ収集できるか」「1 つのテーブルを並列して収集できるか」「更新ログ経由の収集に対応しているか」などの機能があるかが優劣を分ける点です。今回さまざまな収集方法を解説したので、それらができるどうかを確認するとよいでしょう。

　ビッグデータの収集にフォーカスすると、分散処理してデータを収集できるかは注意したいポイントです。ETL 製品の歴史は長く、古い製品では単一サーバでのみしか動作しないものも多くあり、明らかにデータ収集の能力に差があります。

ソースコードレベルでデバッグしやすいものを利用する

　ETL 製品を選ぶときのもう 1 つのコツとしては、ソースコードレベルでデバッグしやすい製品を利用するということです。

　データ収集で起きる問題の多くは、データに依存します。例えば、データの中に想定していない文字コードや制御文字が混入することはよくあります。他にも、何もデータがないことを表す「null 値」を期待していたのに空の文字列が入力されてしまったり、CSV の 1 つの値の中に改行コードが

入ってうまく解析できなかったりと、さまざまな問題があります。そして
これらの問題の中には、あなたのデータ基盤でしか起こらない世界初の問
題も少なくありません。なぜならば、データソース、格納先、そして収
集しようとしているデータ、この3つの組み合わせは他のケースと一致す
ることが少ないためです。

　こういったデータに起因する問題に遭遇したときに、ETL製品の製品サ
ポートにその都度頼っていては、時間も費用もかかります。また、製品サ
ポートにデータを渡したとしても、製品サポートの環境で問題を再現する
ことは困難ですし、場合によっては再現できないかもしれません。

　そこで、必要になってくるのがソースコードレベルでのデバッグです。
コネクタのソースコードを読み、どのようにデータを抽出し変換している
のかを見ることにより、すばやく根本原因にたどり着くことができます。
ですので、ソースコードレベルでデバッグしやすい製品の利用をおすすめ
します。具体的には、オープンソースで提供されているETL製品であれば、
ソースコードがインターネットに公開されており入手可能です。オープン
ソースでなかったとしても、製品の中でオープンソースを利用している場
合もありますし、コアエンジンのコードは見えないけどコネクタのコード
はオープンにされているものもあります。選定の前にこれらを調査しま
しょう。

　もしエンジニアがソースコードを読むことに慣れていない場合は、ETL
製品のサポートに問題の調査をしてもらうしかないのですが、その場合は
自分たちのデータ基盤に直接入って調査してもらえるように準備しておく
ことが重要です。サポートによっては「製造会社内で問題の再現ができた
もののみサポート対象」というサービスレベルの製品もありますが、そう
いった製品は候補から外してよいでしょう。

■エンジニアがいなければプログラミングレスの ETL製品も選択肢の1つ

　データ分析を始めたばかりでデータ収集するエンジニアがいないという
状況はよくあります。そういったときには、プログラミングせずに利用で
きるETL製品を選んでもよいでしょう。こういった製品では、専用の画面
上でデータソースや格納先のアイコンを線でつなげてETL処理を定義し、

それをデプロイすることによってETL処理を開発できます（図2-27）。こういったリッチな開発画面は、オープンソースのETL製品ではほとんど提供されておらず、多くの場合、商用製品かクラウド上のETLサービスを利用することになるでしょう。具体的な製品例としては、Apache Nifi、Talend、DataSpider、ASTERIA、GlueそしてCloud Data Fusionがあります。

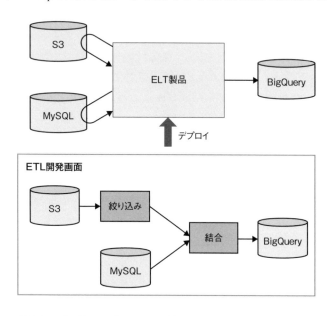

図 2-27　プログラミングレスの ETL 製品で ETL 処理を開発している様子

　このようなプログラミングレスのETL製品を使う際、注意したいのは変更管理です。画面上で処理を定義できるのは便利ですが、一方ですでに動いている処理に対して変更を加える場合は、変更点がわかりづらいという問題があります。プログラミングや設定ファイルで開発するタイプのETL製品であれば、ソースコードや設定ファイルをリポジトリで管理すれば厳格な変更管理ができますが、プログラミングレスのETL製品の場合はリポジトリでの変更管理ができるとは限りませんし、できたとしても可読性が低い可能性があります。製品の導入を検討する際には、どのように変更を管理できるか調査するようにしましょう。

2-12 データレイクでは収集したデータをなくさないようにする

▎収集したデータを原則そのまま蓄積する

　これまではデータ収集について解説してきましたが、本節からは収集したデータを蓄積する**データレイク**について解説していきます。データレイクとはデータの池「レイク」であり、収集したデータを溜め込んでなくさないように保持しておく層です。

　データレイクには収集したデータを加工せずにそのまま格納するのが望ましいです。例えば、データソースがファイルであれば、ファイルのままデータレイクに格納しますし、APIであればAPIからの応答結果のJSONをファイルごと保存します。データソースがデータベースであれば、表形式のファイルとしてダンプして格納したり、まったく同じ構造のテーブルを用意して格納したりします。

　加工せずに保存することが好ましい理由は、加工を試みると失敗してデータを損失する可能性があるためです。例えば、APIの応答結果のJSONを表形式に加工して保存しようすると、JSONの中に想定していないキーが入ってきたときに表形式への加工に失敗するかもしれません。他にも、JSONの中に文字列として書かれている数字の列を整数型に変換しようと試みた結果、整数型には入り切らない大きい数値が来て変換に失敗してしまうこともあるかもしれません。このようなことがないように、加工せずに蓄積することがデータをなくさないコツです。

　このように、基本的に加工しない方がよいのですが、例外として情報セキュリティのルール上、データ基盤に機密情報や個人情報を蓄積できないケースがあります。例えば、ECサイトではユーザのメールアドレスや氏名といった個人情報は、ECサイトのデータベースから外に出すことが禁じられており、データ基盤に収集する際にはデータに匿名化を施さなければいけないことがあります。この場合、データ収集の中でデータの匿名化処理を行い、データレイクには匿名化されたデータを蓄積することになります。

▌データレイクには冗長化でき容量が拡張できる製品を選ぶ

　データレイクを実現する製品には満たすべき基本的な役割が2つありま
す。それは、データをなくさないことと、容量を増やせることです。

　データレイクの1つめの役割は**収集したデータをなくさない**ことです。
昨今の企業にとってデータは貴重です。「Data is New Oil（データは新しい
石油である）」という言葉があるように、データは企業活動における燃料
のようなもので、その貴重な燃料をそのままの形でなくさないように溜め
ておくことがデータレイクの役割です。データをなくさないことが目的で
あるため、冗長化されたストレージやデータベースを用いてデータレイク
をつくります。冗長化されたシステムとは、一部が破損してもその機能を
失わないようにつくられているということです。

　また、データ活用が進むにつれて格納すべきデータは増えることが多い
ため、**データレイクはデータ容量を増やせるようにしておく**ことが求めら
れます。オンプレミスであれば、新しいハードディスクやサーバを増設す
ることで、データ容量を拡張できるようにしておきます。クラウドであれ
ば、データ容量によって課金されるサービスを利用することでデータ量を
増やせます。

　これら2つの基本的な要件を満たしつつ、データの種類に応じて適切な
形でデータレイクをつくっていく方法をこれから解説していきます。

▌ファイルはオブジェクトストレージに蓄積する

　収集したデータをファイルで蓄積するケースについて解説しましょう。

　ファイルはさまざまな種類があります。音声、画像、動画のようなデー
タベースに格納が難しいバイナリファイルの場合は、ファイルをそのまま
データレイクに蓄積します。そのとき、クラウドが利用できる場合はオブ
ジェクトストレージをデータレイクに利用します。クラウドが利用できな
い場合はオンプレミスの分散ストレージを利用します。順番に解説してい
きましょう。

　オブジェクトストレージとは、Web技術を利用したインターネット上の
ファイルシステムです。具体的には、HTTPSのプロトコルを用いて、イン

ターネットに公開されたオブジェクトストレージのAPIに対してアクセスして、ファイルのアップロードやダウンロードを行います。具体的な製品を挙げるとAWSのAmazon S3[注23]やGCPのCloud Storage[注24]です。オブジェクトストレージは従量課金制をとり、蓄積されているデータ量やデータ転送量に対して課金されます。データ容量が足りなくなる心配はなく、予算さえあればほぼ無限に近いデータ容量を利用できます。また、クラウドベンダがデータを厳重に管理しているため、データを失う心配がほとんどありません。オブジェクトストレージではファイルをアップロードすると、複数のデータセンターで複数のデバイス上に複製を保持します（図2-28）。これにより、例えばAWSのAmazon S3であれば2021年12月時点で99.999999999％の堅牢性[注25]があり、2箇所で同時にデータ喪失を起こしてもデータが維持されます。そのため、多くの企業でオブジェクトストレージをデータレイクとして使っています。

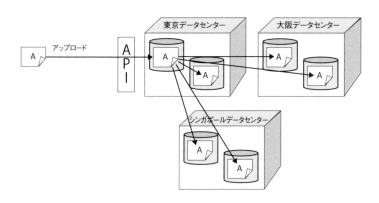

図2-28　オブジェクトストレージがデータを複製する例

　クラウドが利用できない場合はオンプレミスの**分散ストレージ**を利用します。オンプレミスの分散ストレージは複数のサーバを巨大な1つのファイルシステムのように見せる技術であり、複数のサーバにデータの複製を

注23　Amazon S3：https://aws.amazon.com/jp/s3/

注24　Cloud Storage：https://cloud.google.com/storage?hl=ja

注25　Amazon S3 におけるデータ保護：
　　　https://docs.aws.amazon.com/ja_jp/AmazonS3/latest/userguide/DataDurability.html

格納して、1つのサーバが故障してもデータがなくならないように設計されています。代表的な製品としてはHadoopプロジェクトのHDFS[注26]があり、これはオープンソースです。またHDFSに対して品質を高めて商用サポートを追加したCloudera Data Platform[注27]もあります。クラウドのオブジェクトストレージも中身は分散ストレージの技術が利用されています。

CSVやJSONデータはデータベースに入れてもOK

CSVやJSON形式のデータの場合は、オブジェクトストレージに蓄積する以外に、データウェアハウスで利用する分析用DBに直接入れてしまう選択肢があります。例えば、データウェアハウスとして分析用DBの1つであるBigQueryを利用する場合、収集したCSVやJSONデータをいきなりBigQueryのテーブルに入れてしまうということです。

分析用DBにデータレイクを配置するしくみを採用する場合、データベースの中で生のデータを格納するデータレイク層と、加工されたデータを持つデータウェアハウスの層とで2つに分けます（図2-29）。ここでは、分析用DBのSQLを用いてデータレイクのデータからデータウェアハウス生成処理を行います。

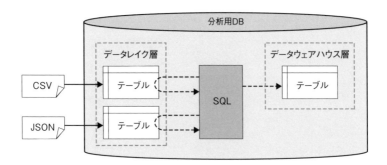

図2-29 データレイクとデータウェアハウスを両方とも分析用DBに入れる

注26 HDFS：https://hadoop.apache.org/docs/r1.2.1/hdfs_design.html
注27 Cloudera Data Platform：https://jp.cloudera.com/products/cloudera-data-platform.html

　分析用DBにデータを格納する際に、収集したデータがCSVファイルで
あれば各列に分解して挿入します（図2-30）。JSONであれば分析用DBの
1つの列に文字列として挿入する方法もありますし、JSON型が利用できる
のであればJSON型の列に挿入します。

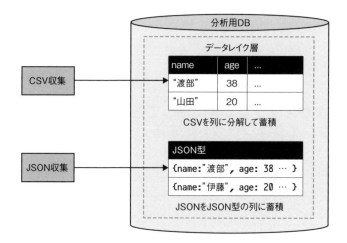

図2-30　分析用 DB に CSV と JSON を格納する例

Column　　　　**画像や音声などのバイナリデータを**
分析用DBに入れてもよい？

　分析用DBにはバイナリデータ型が用意されており、画像や音声などのバイ
ナリデータ型の列に格納できます。他の表形式のデータと一緒に格納できる
ため、管理も楽になるかもしれません。一方で、格納されたデータを参照す
る際は不便です。オブジェクトストレージであればファイルをダウンロード
してすぐに中身を確認できますが、分析用DBに入れてしまうと、SQLを発
行してバイナリデータを取得し、ファイルに書き込まないと中身を確認でき
ません。また、クラウドサービスのオブジェクトストレージを用いれば、容
量あたりのストレージ料金は分析用DBよりも安くなります。

　筆者の経験上、ほとんどのケースでバイナリデータはオブジェクトストレー
ジに格納していました。中身の確認のしやすさと、利用コストの安さが、採
用の判断基準となることが多い印象です。

　2015年頃はデータレイクにはオブジェクトストレージを利用するのが世の中の主流でしたが、執筆時点の2021年ではデータレイクにはデータウェアハウスと同じ分析用DBを利用する方式が流行っているように感じます。データレイクとデータウェアハウスを同じ分析用DBで扱うことにより管理する対象が1つで済むという点と、SQLを用いてデータウェアハウス生成処理が記述できて開発しやすいという点がその背景にあると考えています。JSON型が利用できるデータベースが増えてきた点も理由の1つにあるかもしれません。

▌データがオンプレミスにあっても データレイクはクラウドにする

　たとえデータの収集元がオンプレミスであっても、データレイクにクラウドを利用することをおすすめします。その理由は3つあります。

　1つめの理由は、**従量課金で利用できる**ことです。オンプレミスにデータレイクをつくろうとすると、あらかじめどれだけデータを入れるかを見積もり、サーバをそれに応じた台数分購入する必要があります。しかしデータ活用においてはスモールスタートが原則であり、データ基盤の構築時にデータ量を正しく見積もることは困難を極めます。一方、クラウドであれば最初は必要最小限の料金で始めることができ、データが必要になったら増やすことができます。データ分析に取り組むにあたってはクラウドの特性がよくマッチしています。

　2つめの理由は、**耐久性が高い**ことです。例えばAWS Amazon S3の耐久性は99.999999999%ですが、オンプレミスの自前のデータセンターでこの数字を達成することはほぼ不可能といってよいでしょう。

　3つめの理由は、**運用人件費が安い**ことです。データレイクをオンプレミスの分散ストレージや分析用DBを使って構築する場合、複数のサーバを組み合わせてつくるため、構成が複雑になります。このシステムを運用するには高い技術力が必要となり運用するエンジニアの人件費が高くつくことになります。一方、クラウドのオブジェクトストレージや分析用DBであれば、API経由で利用するだけなのでサーバの構成などを気にする必要はほとんどありません。そのため、技術力の高いエンジニアがいなくても利用することが可能であり、人件費が安く済みます。

　このように、たとえデータ収集先がオンプレミスであってもデータレイクはクラウドにつくるべきなのですが、データソースとデータレイクが物理的に遠くなってしまうため、それらの間を結ぶネットワークが弱くなる点に注意が必要です。オンプレミスからクラウドにデータを送付するためには、インターネットを用いるか専用回線を用いるかの2つの選択肢があるのですが、インターネットはネットワーク帯域は細く安定しないというデメリットがあり、専用回線は費用が高くなるというデメリットがあります。

　しかし、このネットワークに関するデメリットを考慮しても、前述した3つのメリットの方が大きいため、筆者はクラウド上のデータレイクを推奨しています。

2-13　データウェアハウスには抽出や集計に特化した分析用DBを採用する

オペレーショナルDBではなく分析用DBを採用する

　世の中には数多くのデータベース製品があります。例えばAWSのサービスの中にもAmazon Auroraというデータベース製品もあればAmazon Redshiftというデータベース製品もあります。みなさんは、AuroraとRedshiftの違いを説明できるでしょうか? どちらもデータベース製品の1つであり、データをテーブルとして格納しSQLを用いてデータにクエリをかけます。また、どちらもデータ分析をする際に必要となるGROUP BYやMIN/MAXといった集計関数についても備えています。ここまでは、どちらのデータベースを使っても大差がないと思われるかもしれません。

　しかし実際のデータ分析の現場ではRedshiftを使うことが多いです。Redshiftの方が多くの計算資源を扱えることや多くのデータ容量を格納できるということではなく、データベースのつくりが根本的に異なるためです。**Redshiftはデータ分析でよく行われるデータの抽出や集計といった機能を効率よく処理するために特化しています**が、Auroraはそういった特徴はありません。仮にAuroraとRedshiftがまったく同じCPUの数、メモリ量、ディスクIO性能、ネットワーク性能を保持していたとしても、Redshiftの

方が高速に抽出や集計ができるでしょう。

　世の中にはオペレーショナルDBと分析用DBの2種類があります。
Auroraはオペレーショナル DBで、Redshiftは分析用DBに分類されます。

　データ基盤のデータウェアハウスには分析用DBを採用してください。
オペレーショナルDBを採用してしまうと、データの抽出やデータの集計
が遅くまったく使い物にならない、仮に利用できたとしても必要以上にコ
ストが高くなるといった可能性があります。

　ここからはオペレーショナル DBと分析用DBの違いについてもう少し詳
細を解説していきましょう。

■ オペレーショナルDBはデータの操作に強い

　オペレーショナルDBはデータの操作に強いDBです。典型的な例として
は、Webサイトのバックエンドに利用して、ユーザが行ったデータの参照・
更新・挿入・削除といった操作を応答速度を重視して処理します（図
2-31）。また、トランザクションと呼ばれる複数のデータを一貫性を持っ
て更新する機能があり、複数のテーブルからなる複雑なデータを堅牢に処
理できます。世の中で単に「データベース」といった場合は基本的にオペ
レーショナルDBを指します。

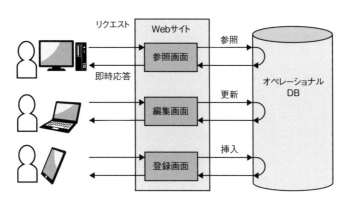

図 2-31　オペレーショナル DB の典型的な使い方

　代表的な製品はOracle社のOracleとMicrosoft社のSQL Server、オープ

ンソースのMySQLやPostgreSQL、そしてそれらのマネージドサービスである AWS RDSやGCP CloudSQLです（ただし、近年MySQLやPostgreSQLは、分析用DBとしても使えるオプションが出てきているため、オペレーショナルDBとして分類されますが、オプション次第では分析用DBに利用できることも認識しておいてください）。

　オペレーショナルDBは応答速度が重視され、少量のデータを頻繁に操作することが求められます。処理のイメージとしては1,000万行10GBよの全データの中の、1行1KByteのデータを、10ミリ秒で操作するといったものです。これを実現するためにオペレーショナルDBではテーブルのデータを行ごとに格納し、行へのアクセスが高速になるようにつくられています。

　一方で、列の値の平均をとったり合計をしたりといった集計の操作は苦手です。行ごとにデータが格納されているため、特定の列の値だけをすべての行ごとに取得するといった操作は低速になります。オペレーショナルDBの処理の特徴を図2-32に示します。

ユーザID	アイテムID	購入日時	購入金額	
1	A	2019/05/03 13:00	1000円	低速
2	B	2019/05/03 13:00	2400円	
3	C	2019/05/03 13:00	900円	
4	D	2019/05/03 13:00	2300円	
高速				

図 2-32　オペレーショナル DB は行方向の処理は高速だが列方向は低速

分析用DBはデータの抽出と集計に強い

　分析用DBは、データの抽出と集計に強いDBです。典型的な例として、オペレーショナルDBのデータやCSVを夜間バッチでロードし溜め込み、そのデータをBIツールに抽出、またはレポート作成ジョブで全件集計するといった使い方があります（図2-33）。

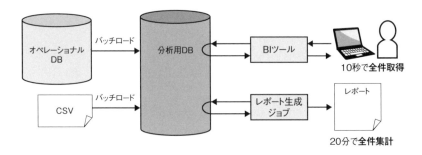

図2-33 分析用DBの典型的な使い方

代表的な製品はAWSのAmazon Redshift、GCPのBigQuery、そして Snowflakeなどがあります。他にも多数の製品がありますが、詳細は2-14 節で解説します。

分析用DBは応答速度よりも単位時間あたりの処理速度である「スルー プット」を重視します。オペレーショナルDBにある売上テーブルを30分 かけてロードし、そのあと1時間かけて全件を集計して売上レポートをつ くるといった処理をします。これを実現するために、分析用DBは「列指向 圧縮」と呼ばれる手法によりデータを列方向に格納しており、抽出や集計 の計算を最適にしています（「列指向圧縮」については2-15節で詳しく解 説します）。

> **Column**　　　　　　**NoSQLはオペレーショナルDB**
>
> 　データベース製品の中にはNoSQLと呼ばれる製品があります。AWSの Amazon DynamoDBやMongoDBはNoSQL製品と呼ばれますが、NoSQL はオペレーショナルDBなのでしょうか、それとも分析用DBなのでしょう か？ これらの特長を見てみるとビッグデータの処理に強そうなので分析用 DBと勘違いするかもしれませんが、NoSQLはオペレーショナルDBです。 データを行方向に格納し、細かい操作に向いています。分析用DBのような集 計は苦手であり、集計機能そのものが提供されていないことも多いです。く れぐれもNoSQLをデータウェアハウスに利用しないようにしましょう。

　一方で、オペレーショナルDBが得意とするような少量のデータへの素早い操作は苦手であり、特定の1行だけを更新するような処理は非常に低速です（図2-34）。このように列方向の操作に強い分析用DBは「列指向データベース」や「カラムナデータベース」とも呼ばれます。

ユーザID	アイテムID	購入日時	購入金額	
1	A	2019/05/03 13:00	1000円	高速
2	B	2019/05/03 13:00	2400円	
3	C	2019/05/03 13:00	900円	
4	D	2019/05/03 13:00	2300円	

低速

図 2-34　分析用 DB は列方向の処理は高速だが、行方向は低速

2-14　分析用DBはクラウド上で使い勝手が良い製品を選ぶ

分析用DBの製品選定が最も重要

　分析用DBはデータ基盤の中でも重要なコンポーネントの1つです。データ資産の中核を担うデータウェアハウスやデータマートは、分析用DBに格納し分析することではじめて価値を発揮します。分析用DBには、データを消失しないように保存する能力だけでなく、**大量のデータを高速に処理する処理性能も求められます**。処理性能が悪ければ、夜間に走らせた集計処理が終わらず、翌日の意思決定が遅れてしまうかもしれません。また、使いやすさも重要です。分析用DBは**データ基盤の利用者に公開され、SQLを用いて自由にデータをさわってもらう環境**であるため、使いにくい分析用DBを選んでしまうと、使われないデータ基盤になってしまう可能性があります。分析用DB製品を選定する際には、これらを慎重に考慮する必要があります。

　世の中には多くの分析用DBがあります。また、これらの分析用DBを開

発している IT ベンダの営業担当は、必死に自社の製品を売り込んできます。分析用 DB が高額で利益率の高い製品であるということだけではなく、分析用 DB が採用されればその企業のデータ活用の中心を押さえたことになり、そのあとのコンサルティングの提案や周辺製品の販売に有利だからです。

　みなさんはこのような状況の中で自社に最適な分析用 DB を選ぶ必要があります。そこで、まずは分析用 DB 製品群の全容を把握し、そのあと最適な製品の選び方を解説しましょう。

▋分析用 DB の一覧

　執筆時点で主流の分析用 DB は提供形態と Hadoop ベースかどうかで大きく 4 つに分類できます。提供形態はクラウドとオンプレミスの 2 つがあります。Hadoop ベースではない製品については、本章では「DWH 製品」と呼ぶことにします。

　表 2-4 に代表的な分析用 DB の一覧とその分類を示します。表中の丸で囲んだ数字は、製品が登場してきた順です。順番に解説していきましょう。

表 2-4　分析用 DB 一覧とその分類

提供形態	Hadoop ベース	DWH 製品（Hadoop ベースでない）
クラウド	③ AWS Athena AWS EMR GCP Dataproc Treasure Data Cloudera	④ GCP BigQuery AWS Redshift Snowflake
オンプレミス	② Cloudera Apache Hadoop	① TERADATA PureData(旧 Netezza)

▋オンプレミスの DWH 製品は重厚長大で敷居が高かった

　まず①の製品は歴史的に登場が古い製品群です。これらの製品は重厚長大であり、億単位の予算をかけて専用のハードウェアを購入し、データセンター内に巨大なコンピュータとして配置されていました。そのため、気軽にデータ分析をしてみたいといったニーズには応えられずデータ分析の敷居を高くしていました。

■オンプレミスHadoopは敷居が低くビッグデータ分析の火付け役

次にオンプレミスのHadoopの製品群（②）が登場してきます。オンプレミスのDWH製品に専用のハードウェアが必要であるのに対して、Hadoopは一般的なサーバに導入でき、かつ必要に応じてサーバを増やして機能拡張できたため、導入の敷居が低く、広く普及していきました。これによりDWH製品の予算を用意できない企業でも、気軽にデータ分析ができるようになりました。Hadoopそのものはオープンソースの分散処理ソフトウェアなのですが、HiveやPrestoといったSQLエンジンを動作させることにより、分析用DBと同等の機能を得ることができます。

代表的な製品としては、オープンソースのApache Hadoop[注28]や、Apache Hadoopに対して機能と商用サポートを追加したCloudera社のClouderaがあります。

■クラウド上のマネージドHadoopはシステム運用を楽にした

次に登場したのはクラウド上で動作するマネージドHadoop製品（③）です。オンプレミスのHadoopは流行しましたが、システムの複雑さや運用の難しさなどが問題になりました。そこでHadoopをクラウド上で動かし、構築や運用の大部分を簡略化する「マネージドHadoop」が注目されました。クラウド上のマネージドHadoopを利用することにより、ハードウェアの購入は必要なくなり、複雑な環境構築が自動化され、システムの監視もあらかじめ組み込まれています。また、データをクラウドのオブジェクトストレージに格納できるため、データが増えてもHadoopのサーバを増やさなくてもよいというメリットも得ることができました。

代表的な製品としては、クラウド上のマネージドHadoopとしてAWS EMRやGCP Dataprocがあります。これらはHadoopを仮想マシン上にインストールして監視してくれるサービスです。Treasure DataはHadoopベースのマネージドサービスであり、Amazon S3のデータをロードでき、そのデータに対してWeb画面からSQLを投入できます。AWS Athena もTreasure Dataと同様のサービスですが、AWSのサービスとして提供され

注28　本書でHadoopについての詳細にはふれません。Hadoopについて詳細を知りたい方には次の書籍をおすすめします。「Hadoop徹底入門 第2版 オープンソース分散処理環境の構築」（翔泳社，2013）

ています。Clouderaは「オンプレミスHadoop」でも名前が挙げられた製品ですが、クラウド上のマネージドサービスとしても利用可能です。

■ Hadoopの欠点を解消したクラウドDWH製品が現在の主流

　最後に登場したのはクラウド上でのみ動作するクラウドに最適化されたDWH製品（④）です。Hadoopは本来さまざまな分散処理をするためのソフトウェア群であり、データ分析はその中の機能の一部でしかありませんでした。そのため、アーキテクチャが複雑になりがちで、データのパーティションが多いと遅くなることや複雑な結合に弱いといった欠点がありました。これらの欠点を解消して、データ分析専用につくられたのがクラウドDWH製品です。

　代表的な製品としてはAWS Redshift、GCP BigQuery、Snowflakeがあります。AWS Redshift は昔からAWSにあるDWH製品であり、当初はレガシーなアーキテクチャでしたが現在に至るまで幾度の改良を重ねてモダンなDWH製品になってきています。GCP BigQueryはHadoopの生みの親であるGoogle社がHadoopの欠点を克服して出してきたサービスであり、高速に動作するとともにWebインターフェースが洗練されており、特に国内で人気があります。Snowflakeは近年登場してきたDWH製品であり、主要なクラウドであればどこでも動かすことができますし、アーキテクチャも洗練されています。

▌ 初期コストの低いクラウド上の分析用DBがおすすめ

　ここからは分析用DBの選び方を解説していきます。選定の上で一番に優先すべきは**初期コストの低さ**です。

　データ分析は試行錯誤の連続です。分析対象のデータや分析の要求はビジネスの成長とともに変化します。その都度必要となるストレージの量や計算リソースの量は変わり、データ分析が活発になるほど、利用者からの要求が増える傾向にあります。**最初からシステムの規模を推定することはほぼ不可能といってよいでしょう。**そのため、選定の上では初期コストの低さが重要です。低いコストではじめて、ビジネスのニーズに合わせてシステムの規模を増やしたり減らしたりできるようにしておく必要があります。

　その観点で言うと、オンプレミスのDWH製品は候補から外してよいで
しょう。というのも、オンプレミスのDWH製品は高額であり、筆者の経
験上、数千万円から億単位の初期投資が必要になることが多いためです。
オンプレミスのDWH製品を積極的に採用する状況は限られており、あら
かじめ分析内容が決まっており、その分析を目的に導入することがありま
す。例えば、すでに何年もデータ分析をしており、クラウドやHadoop製
品では学習・運用コストが高くついてしまうケースです。あるいは、オン
プレミスのDWH製品を長年運用しており、そのEoL（End of Life product）
が近づいてきた際に、他の製品に移行する手間や時間が足りないケースで
は、同じ製品の最新バージョンを導入することもあります。

　同じ理由で、オンプレHadoopも候補から外せます。オンプレミスの
DWH製品に比べれば初期コストは安くすみますが、それでもサーバを数
十台購入する必要があります。筆者の経験上、数千万程度の初期投資が必
要です。加えて、運用するエンジニアの人件費が高くつきます。前述した
通りHadoopは数多くのコンポーネントから構成される非常に複雑なソフ
トウェアです。日本国内でHadoopを商用レベルで構築・運用した経験が
あるエンジニアはごく少数に限られるため、年収1千万以上のオファーが
必要になることも少なくありません。

　よって、基本的に分析用DBの選択肢はクラウド製品を選ぶことになり
ます。クラウドの分析用DBであれば基本的には従量課金であるため、多
額の初期費用は必要ありません。例えば、BigQueryであればアカウント
を登録すれば利用が始められ、料金は保存したデータ量とクエリごとの課
金になります。執筆時点では、データ保存料は1GBあたり0.02ドル、毎
月1TBまでは無料です。またクエリ料金は読み取ったデータ1TBあたり5
ドル、毎月10GBまでは無料です。小規模であれば、試用として無料で利
用でき、本格的な分析が始まっても月数万円程度の費用ですみます。クラ
ウドの分析用DBは試行錯誤に最適なのです。

クラウド上の分析用DBはデータソースと同じ
クラウドの製品が自然な選択肢

　では、クラウドの分析用DBの中からどれを選べばよいのでしょうか？
判断基準の1つは、データソースがどのクラウドにあるかです。分析用

DBはデータソースから大量のデータを収集する必要があるため、**データソースがあるクラウドで利用できる分析用DBを選ぶのが自然な選択**となります。例えば、ECサイトにおいてWebアプリケーションがAWSで構築されており、AWS上のデータベースがデータソースならば、分析用DBとしてはAWS上で動作するものが第一候補になります。

　データソースと分析用DBが同じクラウドにあることで、2つのメリットがあります。

　1つはネットワーク通信が同一クラウド内で完結するということです。データソースと分析用DBが同じクラウド内にあると、クラウド内の帯域の大きいネットワークを経由してデータ収集ができますので、大量のデータであっても短時間で収集できます。加えて、クラウドの外部にデータを転送するときに費用がかからないメリットもあります。例えば、AWSにあるデータソースから、AWS内のRedshiftにデータを移動しても費用はかかりませんが、GCPのBigQueryにデータを移動しようとすると、AWSの利用料がかかります。ここで注意してほしいのは、クラウドの地域（リージョン）です。同一のクラウドといってもデータソースと分析用DBの地域が異なる場合は、ネットワーク帯域が小さくなり、場合によってはデータ転送にコストがかかりますので、このメリットが減少してしまいます。

　もう1つはクラウドにあるデータ転送・共有サービスの恩恵を受けられる点です。クラウドによってはデータソースから分析用DBに簡単にデータを転送できるしくみを持っています。例えばETL製品として解説したAWSのGlueやGCPのCloud Data Fusionが挙げられます。他にも、フェデレーションという機能を利用できれば、分析用DBからデータソースのデータベースを直接クエリすることができます（2-2節のコラム『データを収集せずに分析に利用する「フェデレーション」』参照）。

クラウド上の分析用DBの選び方

　前節ではデータソースと同じクラウドにある分析用DBが第一候補であると解説しました。ではクラウド内に複数の分析用DB候補がある場合はどのように選んだらよいでしょうか。

　AWSにはRedshift、Athena、EMR、SnowflakeそしてClouderaといっ

た複数の分析用DB候補があります。データソースがAWSにある場合、どの分析用DBを選んだらよいのでしょうか？ まず、データ基盤構築の初期段階であり、とりあえずAmazon S3にあるデータを手軽に分析したいのであればAthenaがもっとも簡単に使い始められます。Athenaは初期費用はゼロで、課金はクエリ単位であるため、初期コストを抑えて利用できます。その後、データ基盤を大きく拡大していく際には、RedshiftかSnowflakeのどちらかを選択します。他のAWSサービスとの連携のしやすさを重視するのであればRedshiftを、処理単位の課金モデルやWebブラウザでの使いやすさを重視するのであればSnowflakeを選びましょう。EMRとClouderaはHadoopのマネージドサービスですので、Hadoopが備える機能の中で使用したいものがある場合は選択しますが、そうでなければ選択肢から外してよいでしょう。

GCPにデータソースがある場合、BigQuery、Dataproc、Snowflake、そしてClouderaが候補となりますが、基本的にBigQueryを採用してください。BigQueryはGoogle社がHadoopを進化させてつくったサービスですので、HadoopベースであるDataprocやClouderaよりも洗練されています。Snowflakeに関しては、BigQueryと似たような使い勝手ですが、GCPの各種サービスとの連携の強さや、専用ハードウェアを用いた処理の高速化の成熟度においてはBigQueryに軍配が上がります。

データソースがオンプレミスにある場合は、分析用DBを選択する前に、どのクラウドを利用するかという意思決定が必要です。すでに利用しているクラウドがあれば、そのクラウド上の分析用DBを利用することが、ネットワーク接続、セキュリティ対応、コスト管理の点においてアドバンテージになるでしょう。

本節ではデータソースと同じクラウドにある分析用DBの選び方を解説しましたが、一点だけ例外があります。それはデータソースがAWSにもかかわらず、分析用DBにGCPのBigQueryを使うケースです。執筆時点の2021年では、この構成を採用している事例を数多く見かけます。その理由の1つとして、BigQueryは早い段階（2015年頃）から非常に高いパフォーマンスと利便性を発揮しており、他に匹敵する製品がなかったことが挙げられます。当時のAWSにはBigQueryに匹敵するサービスがありませんでしたし、Snowflakeもまだ日本にはありませんでした。そのため、

その当時BigQueryを採用し、今でも使い続けている企業が数多くあります。

▌使い勝手も重視する

　今までに解説した観点でも決めきれない場合は、利用者の使い勝手を重視しましょう。分析用DBは単なるデータベースではなく、データの利用者の業務効率を左右する重要な環境です。例えばデータ利用者にとっては表2-5にあるような機能があるかどうかは、分析の生産性に大きく影響します。

表 2-5　分析用 DB の使い勝手

用途	機能
SQL 開発	Webブラウザから SQL を実行できるか タブで複数の SQL を同時に開発できるか SQL に補完ができるか 実行した SQL を実行履歴からたどれるか 開発した SQL をチームでシェアできるか テーブルや SQL の実行履歴を URL で指定できるか テーブルのメタデータ (型、説明文など) を簡単に調べられるか テーブルの統計情報 (行数、サイズ、更新日時など) を簡単に調べられるか 個人で自由に読み書きできるテーブル空間があるか テーブルをチームにシェアできるか
データ入出力	Webブラウザからデータを入出力できるか CSV、TSV、JSON などさまざまなフォーマットで入出力できるか 入力するときにデータの列名や型を自動で推測してくれるか クラウドのオブジェクトストレージに対して入出力できるか クラウドのオブジェクトストレージに対して直接クエリできるか クラウドの DB に対して直接入出力できるか クラウドの DB に対して直接クエリできるか 外部 API のデータを入力できるか

　これは各製品で大きな差が出る部分です。例えば、初期のHadoopにはHiveというSQLエンジンがありましたが、HiveはSQLを実行するためのコマンドラインのツールがあるだけで、ユーザが快適に分析するためには多くの機能のつくり込みが必要でした（このあとHue[注29]というWebブラウザからSQLを開発できるツールが登場しました）。一方で、近年登場したSnowflakeはこの辺の分析のニーズをよく汲み取っており、洗練されたWebのコンソールを備えています。採用しようとしている製品を前もって実際にユーザに使ってもらうことなども選定にあたって重要なポイントです。

注29　Hue：https://jp.gethue.com/

2-15　列指向圧縮を理解して分析用DBが苦手な処理をさせないように気をつける

■ 列指向圧縮を理解していないと分析用DBを正しく使えない

　分析用DBはデータの一部だけの更新・削除は苦手です。これを知らずに利用者がデータ加工のために大量のUPDATE文を投げてしまうと大変です。分析用DB全体がスローダウンし、ほかの利用者のクエリが遅くなったりレポート生成バッチが失敗したりします。こういった障害は分析用DBを運用したことのある人であれば一度は経験したことがあるのではないでしょうか。

　ここまで極端な例でなくても、データをつくる際に前日から変更のあった部分だけをUPDATE文で更新しようとして、全然処理が終わらないといったことは、分析用DBの特徴を知らない人がやりがちなアンチパターンです。オペレーショナルDBであればUPDATE文が正しいのですが、分析用DBは一度テーブルをDROPしてから再作成するのが正解です。

　繰り返しますが、**分析用DBはデータを列指向圧縮して格納しているため、データの一部の更新・削除は苦手です**。列指向圧縮はテーブルの列方向にデータを圧縮して保持するデータの格納方法です。これにより、データの抽出や集計を速くできる一方、データの更新や削除が非常に遅くなります。

　データの利用者全員が列指向圧縮の基本を理解していれば、このような事態を防げますので、以降の解説を理解しておきましょう。

■ データ圧縮

　列指向圧縮で押さえておくべきポイントの1つは**データ圧縮**の方法です。データの圧縮では、テーブルの列の一定範囲のデータを対象に圧縮します。

列番号	日付	為替レート
1	2019/4/23	111
2	2019/4/24	112
3	2019/4/25	113
4	2019/4/26	111
5	2019/4/27	110
6	2019/4/28	109
7	2019/4/29	111
8	2019/4/30	112
9	2019/5/01	112
10	2019/5/02	111
11	2019/5/03	112
12	2019/5/04	112

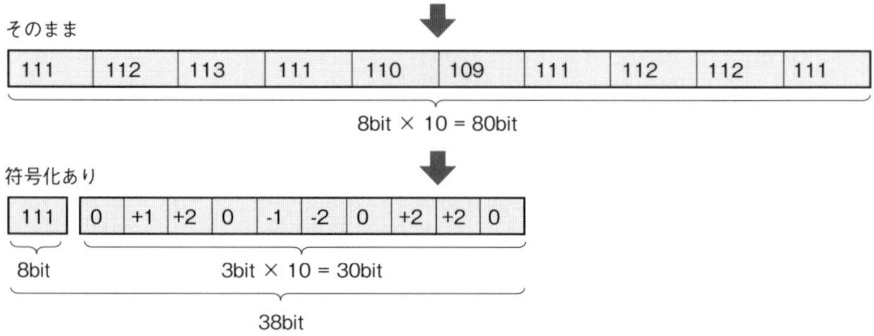

そのまま

111	112	113	111	110	109	111	112	112	111

8bit × 10 = 80bit

符号化あり

111	0	+1	+2	0	-1	-2	0	+2	+2	0

8bit　　　　3bit × 10 = 30bit

38bit

図 2-35　列指向圧縮の 1 つである符号化によるデータ圧縮の例

　図 2-35 は、為替レートの列のデータを 1 〜 10 行目まで抜き出して圧縮する様子を示しています。抜き出したデータを見てみると、128 までの整数なので各値は 8bit で表現でき、それが 10 個ですので、全体は 80bit のデータ量です。ここで列指向圧縮の 1 つである符号化を用いて、111 に対する差分だけを保持するようにします。差分は -2 〜 +2 の範囲に収まっており 3bit で表現できるため、全体で 38bit にまでデータ量を減らすことができました。列指向圧縮では列方向に近い値が連続するテーブルデータの特性を利用しています。符号化は一例ですがこのようなテクニックを駆使することでデータを圧縮し、ディスクから読み取るデータ量を減らし、データ抽出速度を向上させています。

■ データの読み飛ばし

　列指向圧縮で押さえておくべきもう1つのポイントは、**データの読み飛ばし**です。データの読み飛ばしは、テーブルの列の統計情報を事前に計算してデータと一緒に格納しておくことにより、抽出や集計の際にその列群を読み飛ばすことができるという方法です。

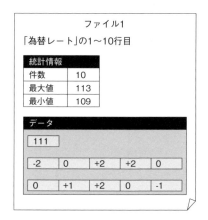

図 2-36　列群の統計情報の例

　図2-36では、1つのファイルの中にデータと一緒に統計情報が格納されている例を示しています。ファイル1には為替レート列の1～10行目のデータと統計情報が、ファイル2には11～20行目とデータと統計情報が格納されています。このように格納されたデータに対して、為替レートが110円以下のデータを抽出した場合を想像してください。ファイル1は最小値が109なのでこのファイルは計算の対象に含める必要がありますが、ファイル2は最小値が111なのでファイルを計算対象に含める必要がありません。これによりファイル2を読み飛ばすことができるのです。これにより、抽出や集計の際に対象となるデータ量を削減し、高速化を実現しているわけです。

データの一部の更新や削除が遅い

　ここまでの解説で列指向圧縮のイメージがつかめてきたと思います。すると、なぜデータの一部の更新・削除が遅いかについても、考えるとわかると思います。

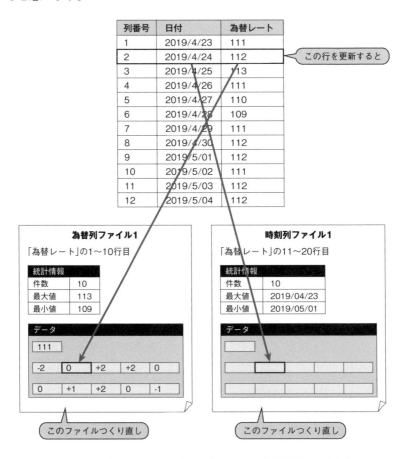

図 2-37　列指向圧縮されたデータに対して 1 つの行を更新するのは大変

　図2-37は、テーブルの2行目を更新するときの様子です。この例では、列指向圧縮されたデータは列ごとに別々のファイルに格納されていますので、1つの行を更新するだけでも列の数だけファイルを更新する必要があります。ま

た、1つの値を更新するだけでもその統計情報を書き換えないといけないため、結果としてそのファイル全体をつくり直すことになります。結果として1つの行を書き換えるだけなのに、10行を書き換えることと同じ大変さになってしまいました。

　このように、列指向圧縮はデータの抽出や集計に特化したデータの持ち方であり、データの一部を更新したり削除したりするのは苦手です。この特徴を理解せずにオペレーショナルDBと同じような感覚でUPDATEやDELETEといったSQLを分析用DBに対して大量に投入すると、期待した応答速度を得られなかったり、DB全体をスローダウンさせたりしてしまう可能性があるので注意してください。

分析用DBに優しいSQLを書こう

　これまで解説した列指向圧縮の特徴をふまえて、分析用DBに優しいSQLをつくる3つのコツを解説します。

　全件を削除する場合は、DELETEではなくDROPする：前述のとおり、DELETEは列指向圧縮されたファイルの書き換えを発生させます。全件消す場合は、DELETEするのではなくテーブル全体をDROPしましょう。

　テーブルの一部を更新する場合は、UPDATEやDELETEではなく、更新した内容を持つ新たなテーブルを用意し、置き換える：列指向圧縮されたデータは、一部のデータの更新・削除が苦手です。そのため、一部のデータを置き換える場合は、UPDATEやDELETE文を使うのではなく、まったく新しいテーブルをつくって、既存のテーブルを置き換える方が効率がよくなります。具体的にはCTAS（CREATE TABLE AS SELECT）構文などを用いて、新たにテーブルをつくり、そのあとテーブルの改名コマンドなどでテーブルを置き換えます。

　データを入れるときは、1件づつINSERTするのではなく、複数件まとめてロードする：分析用DBでは、データは一定量まとめて列指向圧縮されます。そのため、1件ずつデータが挿入されると、1件挿入されるごとに列指向圧縮のデータをつくり変える必要があります。そうしないためには、INSERT文は使わずに、複数件まとめてロードする機能を使いましょう。これにより、列指向圧縮が効率よくできるようになります。

2-16 処理の量や開発人数が増えてきたら ワークフローエンジンの導入を検討する

ワークフローエンジンとは

　データ基盤におけるワークフローとは、データ収集、データウェアハウス生成、データマート作成、そしてデータ活用にいたる一連のデータの流れを意味します。他の書籍や資料では「データパイプライン」や「ジョブフロー」といった言い方をすることもあります。

　このデータ収集やデータウェアハウス生成といったデータ基盤で発生する一連の処理について、処理全体の流れを管理する製品が**ワークフローエンジン**であり、主な機能は**起動時刻と起動順序の制御**です。例えば、ECサイトのデータ基盤において、その日の売上を集計する夜間バッチをつくりたいと考えたときに、ワークフローエンジンの**起動時刻制御機能**を用いて、夜の1時に前日分の売上データをデータソースから収集することが可能です。また、**起動順序制御機能**を用いて、売上テーブルと商品分類マスタテーブルの収集が完了したら商品分類ごとに売上データマートを生成したり、そのデータマートができたらBIツールに取り込むといったことが可能です（図2-38）。

図2-38　起動時刻制御と起動順序制御の例

自前でワークフローを制御するのは大変

　処理の起動時刻や起動順序の制御であれば、ワークフローエンジンを使わなくても自前のプログラムでできると考える読者もいるでしょう。例え

ば、Windowsのタスクスケジューラや Linuxの crontab などのスケジューラを用いれば、好きな時間に処理を実行できます。また、bash などのスクリプト言語で呼び出したい処理を順番に書いていけば、起動順序の制御もできるでしょう。たしかに、これらの機能を使えば起動時刻や起動順序はできるように思えますが、そう簡単にはいきません。

　まず起動時刻制御についてですが、スケジューラを用いたときにまっさきに考えられる問題は、スケジューラそのものが動かなかったときにどうするのかという点です。スケジューラは1つのサーバ上でしか起動しませんので、そのサーバが起動時刻に何かしらの理由で停止していたら起動すべき処理は始まりません。それを防ぐためにスケジューラを動かすサーバを2つ用意するという作戦も考えられますが、すると今度は同時に2つのスケジューラが同じ処理を起動しようとするため、さらにつくり込みが必要です。

　次に起動順序制御についてですが、スクリプト言語に処理を列挙する方式は、すべての処理が正常終了するときは問題ありません。しかし、処理の中で異常終了があった場合の復旧が困難です。例えば、A→B→Cという順番で処理を動かす予定で、Bの処理が失敗した場合、復旧の際にはAの処理は動かさずにB→Cの部分だけを動かす必要がありますが、スクリプト言語に処理を列挙する方式では簡単にはできません。単純に処理が増えてくると、起動順序制御が困難になるという問題もあります。最初はいくつかの処理であっても、数百に及ぶ処理が必要になってきたときに、そのすべてをスクリプト言語に記載すると可読性が低くなるうえに全容を把握できません。

　さらに、処理の異常終了を通知する点でも、スケジューラやスクリプト言語は不便です。異常終了するたびにメールを受け取る程度であれば簡単につくれますが、メールだけでなく Slack などのチャットツールでも受け取りたい場合はつくり込みが必要になります。また、長期間にわたってデータ基盤を運用していくと、毎日異常終了するが業務上は影響がないため無視したい処理が出てきます。このとき、「この処理の異常終了は1週間無視」や「この文字列を含む場合は無視」といった機能も欲しくなってきます。

　このようにスケジューラやスクリプト言語を使って起動時刻や起動順序を制御しても、対処できない問題や複雑なつくり込みが必要です。これを解決するのがワークフローエンジンです。

ワークフローエンジンの特徴を理解し 必要なタイミングで導入する

　ワークフローエンジンを使えば起動時刻と起動順序をうまく制御してくれます。

　まず、ワークフローエンジンは複数台のサーバにまたがって冗長構成を組むことができるため、1台のサーバが故障しても正常に動作し続けます。そのため、起動時刻に処理を起動できないような事態が起きる可能性は低いです。

　また、ワークフローエンジンで起動順序を管理すると、一部の処理が異常終了しても異常終了した処理を途中からやり直すことができます。これを「再実行」「再ラン」「リラン（re-run）」などと呼びます。製品によっては、異常終了した処理を実行せずにスキップすることもできます。加えて、多くの製品では処理の順序関係をグラフィカルに表現して確認できるビューを提供していますので、処理の数が多くなっても全体像や順序関係を把握することが容易です。

　他にもワークフローエンジンには製品によってさまざまな機能があります。表2-6にワークフローエンジンが一般的に用意している機能をまとめました。

表 2-6　ワークフローエンジンが一般的に用意している機能一覧（製品によって異なります）

機能名	解説
起動時刻制御	時刻を指定して起動できる。他にも曜日の指定や、隔週や毎月第一月曜といった柔軟な指定ができる
起動順序制御	指定した順序どおりに処理を動かす
再実行・スキップ	失敗した処理の再実行やスキップができる
アラート	異常終了や長時間実行（ロングラン）が発生したときに、指定したメールアドレスやチャットツールに通知する
状態管理	処理の状態を管理する。処理の状態とは、代表的なもので起動前、起動中、正常終了、異常終了、前の処理待ち、スキップなどがある
タイムアウト制御	処理にタイムアウト時間を設定して、長時間実行した処理を強制終了させる
同時実行制御	同じ処理を同時に複数を実行させることができる。同時実行数も設定できる
リモート実行	処理をリモートサーバで実行する。SSHでログインしてそのサーバ上の処理を実行するものもあれば、クラウド上の仮想マシンを起動しその上で動作させるものもある
コンテナ実行	Dockerなどのコンテナ技術で記述された処理を、kubernetesなどのコンテナ実行環境上で実行する

表 2-6（続き）

機能名	解説
処理のグループ化	処理をグループ化し、グループ単位で再実行やスキップができる
処理への引数指定	処理に引数を渡すことができる。具体的には、ユーザが事前に定義した固定の引数を渡したり、処理した日付や環境を引数として渡したりすることができる
バックフィル	開始日と終了日を指定すると、その間の未実施や異常終了の処理をまとめて実行できる。主な利用例としてデータ収集があり、収集に失敗した日があったときに、あとから穴埋めすることができる
条件分岐	処理の終了状態によって次の処理を分岐する
ログ保持	処理の標準出力や標準エラー出力を保持する
稼働情報保持	処理の実行時間が日々どのように変化しているか、正常終了の数はどれくらいかといった稼働情報を保持する
API	プログラミング言語を用いてワークフローエンジンの設定や実行ができる
ビューワー	グラフィカルに処理の状態、実行順序、実行結果を見ることができる
ユーザ管理	ユーザごとにできることを制限する。例えば「編集者は処理を定義できるが、オペレータは参照のみ」といったことができる
プラグイン	機能の拡張が簡単にできるようになっており、プラグインを入れると機能を追加できる。例えば、SQL 実行プラグインを入れれば、データベースの SQL 実行を簡単に行えるようになる

　このように、ワークフローエンジンを使うことにより、堅牢かつ利便性高く起動時間と起動順序を制御できるようになるだけでなく、さまざまな機能を利用できるようになります。データ基盤の初期段階では自前でワークフロー管理のしくみをつくってもよいですが、データ活用が進んで複雑なワークフローを処理するようになったり、複数人でワークフローをつくるようになったりしたタイミングで、ワークフローエンジンを導入することをおすすめします。

　ワークフローエンジンの選定のポイントは次節で解説します。

2-17 ワークフローエンジンは「専用」か「相乗り」かをまず考える

■ワークフローエンジン製品を選ぶ前に データ基盤専用にするか相乗りにするかを考える

　ここからは、ワークフローエンジンの選び方を解説していきましょう。みなさんは選び方と聞くと、「オープンソースの○○が良いかクラウドサービスの××が良いか」という製品選定の話かと思うかもしれませんが、そうではありません。**はじめに考えることは、データ基盤「専用」のワークフローエンジンにするか、会社のワークフローエンジンに「相乗り」にするか**です。

　どんな会社でもデータ基盤が一番最初につくられるということはありません。必ず事業の核となるシステム（以降、事業システムと呼びます）が先につくられ、そのデータを分析するためにデータ基盤をつくります。もし、事業システムにすでにワークフローエンジンが導入されている場合、そのワークフローエンジンに相乗りするのがてっとり早いことがあります。このとき、ワークフローエンジンの実行環境自体は事業システムの担当者に管理してもらい、データ基盤で必要な処理を定義します。

　相乗りのメリットは2つあります。

　1つはワークフローエンジンの実行環境を運用しなくてよいという点です。ワークフローエンジンを停止すると、そのあとの処理もすべて止まるため、データ基盤の中で最も高い可用性が求められます。場合によっては冗長構成を組む必要もあり、運用は簡単ではありません。それをしなくてよいというのは大きなメリットです。

　もう1つのメリットは、事業システムの処理とデータ基盤の処理を1つのワークフローで制御できる点です。例えば、事業システムのデータベースが夜の1時に前日の売上を締め、それをデータ基盤から収集するケースにおいては、同じワークフローエンジンであれば売上の締め処理のあとにデータ基盤の収集処理を実行することができます（図2-39）。他にも、データ基盤で分析した結果を、事業システムのWeb画面に表示するケースにおいても、1つのワークフローで管理できると簡単です。

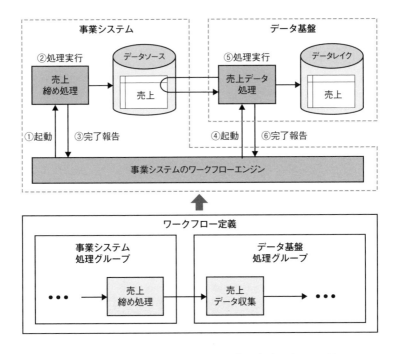

図 2-39　事業システムのワークフローエンジンに相乗りしたことにより、
処理の連携が簡単になった例

　しかし、相乗りにはデメリットもあります。

　相乗りの最大のデメリットは、データ基盤のワークフローを気軽に変更できなくなる点です。企業によっては、ワークフローを変更するためには事業システム側に変更依頼を出す形式をとることもあり、その場合は変更に時間がかかります。そうではなく、ワークフローを自由に変更できる権限を与えられていたとしても、誤ってワークフローエンジン全体を停止したりスローダウンさせたりしてしまうと、事業システムにも影響が及びますので、専用のワークフローエンジンほどは気軽に利用できません。気軽にワークフローの変更ができなくなると、データ分析におけるトライアンドエラーのサイクルが遅くなり、結果として使いにくいデータ基盤になってしまうでしょう。

　他のデメリットとしては、事業システム側のワークフローエンジンがレガシー過ぎて使いにくいことも考えられます。特に、オンプレミスで昔からワークフローエンジンを使っている場合は、その傾向が強くなります。

筆者が実際に担当した現場では、データ基盤のエンジニアはワークフローをコードで管理し、APIを利用して変更し、処理をクラウド上のコンテナで動かしたいと考えていましたが、事業システムのワークフローエンジンはオンプレミスでWindows専用アプリケーションからしか操作できないため、変更に手間がかかりトライアンドエラーがしにくい状況でした。この状況を打破するために、事業システム側のワークフローエンジンを新しく使い勝手のよいものに変更したかったのですが、その企業においては事業システムが稼ぎ頭で立場が強かったために、分析側の要望でワークフローエンジンを変更することは困難でした。

このように相乗りには良いこともあれば悪いこともありますので、自社の環境をよく調査し、事業システムのワークフローエンジンに相乗りにするか、データ基盤専用ワークフローエンジンを準備するか決めてください。

▍データ基盤専用にする場合は使いやすいものを選ぶ

ワークフローエンジンには数多くの製品があります。というのも、そもそもワークフローエンジンはデータ基盤用の製品ではなく、起動時刻の制御や起動順序の制御などは普通のコンピュータシステムにおいても従来から使われているからです。そのため、ワークフローエンジンの歴史は長く、古いものだと1990年代から使われているものもあり、メインフレーム上で動く処理の制御が用途でした。

2021年の執筆時点、新旧さまざまなワークフローエンジンがあります。オンプレミスでしか動かないものもあれば、クラウドが前提でコンテナ実行環境を前提としているものもあります。提供形態も商用製品、オープンソース、クラウドサービスとさまざまです。みなさんもどれを選んだらよいか迷うと思います。

選択の基準になる考え方はシンプルに「使いやすい製品かどうか」です。データ分析は試行錯誤をどれだけ早く回せるかが鍵です。いくら堅牢で壊れにくいワークフローエンジンであったとしても、変更するために難解な設定ファイルの記述が必要だったり、熟練のエンジニアしかワークフローをデプロイできないようでは、使いやすいとは言えません。目安となる使いやすさとは、普段SQLを書いて分析しているデータ基盤の利用者が、マ

ニュアルを読めばワークフローをつくってデプロイできる程度です。

　具体的にどの製品がよいかを解説すると、執筆時点の2021年では Apache Airflow[注30]がもっとも有力な候補と言えます。AirflowはAirbnb社が中心となって開発したオープンソースのワークフローエンジンです。基本的なワークフローエンジンの機能が一通り揃っており、Web画面やAPIなどを通じて操作できるため利便性が高いです。また処理を起動する部分はPythonで記述でき、便利なプラグインも多数用意されているため、カスタマイズ性・柔軟性が高いことも特長です。

　Airflowは2021年現在、最も普及しているワークフローエンジンだと言えます。その証拠として、GCPにはApache AirflowをマネージドサービスとしたCloud Composerがありますし、2021年にはAWSもAirflowをマネージドサービスとしたAmazon Managed Workflows for Apache Airflowを発表しました。数多のワークフローエンジンがありますが、2つのパブリッククラウドでマネージドサービス化されているものはAirflowしかありません。インターネット上にAirflowのノウハウは数多く存在し、知識を得やすいこともあり、普及を助けていると言えます。

注30　Apache Airflow：https://airflow.apache.org/

第 3 章

データ基盤を
支える組織

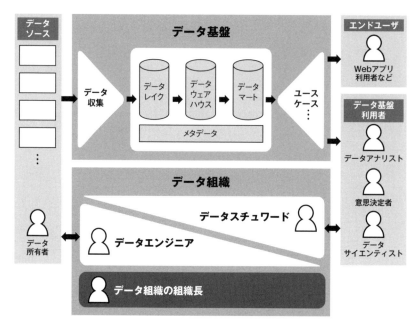

図 3-1　データ基盤の全体像

　筆者は 10 年以上データサイエンス業界に身を置き、データ分析受託企業でのコンサルティング経験や事業会社におけるデータ分析など、さまざまなプロジェクトを幅広く経験してきました。本章では、その経験を踏まえて、組織活動や組織のあり方、組織へのデータ活用推進における施策など、筆者が重要だと考えていることを解説していきます。本章で解説する範囲を本書で掲載してきたデータ基盤の全体図（図 3-1）で示すと、データ基盤をつくる人や使う人が所属する入れ物としての組織を中心に、企業全体にまで広げていくイメージです。

　本章の前半では、組織内の現状把握のためにすべきことやアセスメントを解説します。次にデータ活用を行うための組織内の役割や文化の重要性と、そのために必要な業務や戦略、スキルや人材に関して解説します。後半では、組織におけるデータの取り扱い方法を説明します。セキュリティで意識しておくべき項目や運用におけるポイント、権限設定などを取り上げます。また、いざというときの備えのために不要なリソースを定期的に

棚卸することや、匿名加工を行うことでリスクを逓減する方法を解説します。最後に監査を適切に行うことで運用が正常に行われているかどうかを検証していきます。

3-1 アセスメントによって組織の現状を客観的に把握する

▌ 組織におけるデータ分析の重要度を見極める

　ビジネスにおいて「ヒト・モノ・カネ・情報」が重要な経営資源であるという話は広く知られています。データ分析を活用して競争優位性を獲得しようと考えたとき、経営資源のうち「情報」に着目しがちですが、それを扱う人材も重要です。また、近年のビッグデータに始まり、データサイエンスやAI（人工知能）、DXなどの流行を受けて、データ分析を活用した価値創出への取り組みが一般的になりました。ビジネスパーソンに自社のデータ活用の是非を問えば、その大多数が必要な行為だと答えるでしょう。

　そうした事実やトレンドはありつつも、組織におけるデータ活用は実行戦略に反映されないことが往々にしてあります。経営戦略としてデータ活用を推進するという発信がありながら、データ分析やデータ活用に責務を負った組織を立ち上げられない、またはプロジェクトチームが組成されても効果を十分に発揮されることなく解散するといったことをよく耳にしました。これでは、組織においてデータ活用は真に重要な取り組みであるという認識が共有できず、短期的なプロジェクトの結果のみで判断され、新たなチャレンジの可能性を潰してしまうことになります。

　データ分析に取り組む組織の姿勢を見極めるには、本書で解説してきたような以下のような環境が整備されているかを確認します。

- データを扱いやすいように整備しているか
- データを活用するためにデータ基盤を開発しているか
- 意思決定に活用できるようにダッシュボードやレポートを活用しているか

これらを完璧に整備できている組織はまだ少なく、部分的に取り組みはじめている組織が多い印象です。データ基盤やデータ活用を推進している組織がなくても、IT化された業務を行なっていれば、何かしらのデータが活用されています。例えば、プロジェクトを進める際にチケット管理などを用いている場合、それを集計すればプロジェクトの進捗具合がわかるでしょう。また、人材採用などについても、候補者や選考状況を管理していれば、その情報を集計することで、採用活動におけるファネル分析などにも活用できます。些細なことであっても、こうしたニーズを拾い上げる姿勢が見えない組織では、データ活用は進まないでしょう。

▌データ活用成熟度のアセスメント

組織がどの程度データを活用できているかを客観的に判断するのは難しい問題ですが、この判断をサポートする**アセスメント**について紹介します。アセスメントとは、客観的に「評価する」や「査定する」という意味で、ここではデータ活用の状態を客観的に評価することを指します。

データ活用に関する能力成熟度アセスメントは古くから開発されていて、カーネギーメロン大学が発表した能力開発モデル（CMM：Capability Maturity Model）をはじめ、さまざまなフレームワークがあります。組織を診断していくつかのレベルに分けると、以下のようになると筆者は考えます。

- **レベル1**：データ活用の初期段階で、属人的にデータが活用されている
- **レベル2**：データ活用プロセスに最低限の統制がとられ、再現可能である
- **レベル3**：データ活用における基準を設け、それが守られている
- **レベル4**：プロセスを数値化し、モニタリング・管理できている
- **レベル5**：プロセス改善のゴールを数値化し、それに向けた最適化に取り組んでいる

アセスメントを利用するメリットは、**組織の現状がどのレベルに位置しているかを客観的に把握しながら、さらにデータ活用のために足りないものが何かわかる**点です。

それぞれのレベルをもう少し詳細に解説していきます。

▌レベル１：データ活用の初期段階で、属人的にデータが活用されている

　レベル１は一般的なデータ活用のレベルです。多くの企業がこの状態にあるでしょう。このレベルでは限られたツールによってデータが管理・活用されており、一部の専門的な役割を担う人材にデータ活用が大きく依存した状態です。この場合、役割と責任は部門ごとに定義されていて、それぞれの部署ごとにデータを活用し、統制がとれていたとしても、一部の組織内に限られていることが多いです。組織ごとにデータが管理されているため、データの品質はばらばらで課題は多いのですが対策はとられていません。

▌レベル２：データ活用プロセスに最低限の統制がとられ、再現可能である

　レベル２では、組織内で共通のツールを使用し、ある程度平準化されてデータが活用されている状態です。この場合、データを活用するツールを所管する部署があったり、それにともなう適切なルールやプロセスが定められていたりするため、データ活用の度合いはレベル１よりも安定します。結果を再現できるため、別の組織でも転用することができます。データ品質の課題は残りますが、組織で課題を認識できています。

▌レベル３：データ活用における基準が設けられ、それが守られている

　レベル３では、データの品質を向上させるプロセスが導入・制度化されている状態です。統制のとれたデータ複製、手順が整備されたデータ前処理など、データを扱いやすくするプロセスが組織全体で定義・実行されています。さらに、組織的なデータ活用のポリシーについても定義・実行されています。これらのプロセスが定義・実行されることで、手作業を排除し、全体の効率化につながります。

■レベル4：プロセスを数値化し、 モニタリング・管理できている

　レベル4はかなり高度なデータ管理と活用推進が行われている状態です。データ基盤から個々の社員の業務端末にいたるまで、組織内のデータについて、体系化された管理とガバナンスが組み合わされている状態です。このレベルではデータの監査が実行され、データの品質や組織全体の実行能力は高い水準にあると言えるでしょう。

■レベル5：プロセス改善のゴールを数値化し、 それに向けた最適化に取り組んでいる

　データ活用にいたるプロセスのすべてがモニタリングされ、数値化による管理ができている状態です。この段階までたどり着くと、各プロセスにおける問題を数値で把握できるため、それらのプロセスの改善が継続的に実施できます。また改善施策の変更・実施履歴なども管理され、ひとつひとつの改善施策がより効果的なものになるでしょう。個別のプロセスだけでなく、組織全体のプロセスも管理できるため、全体最適を常に目指し、改善プロセスが回っている理想的な状態と言えます。

　筆者の経験では、データ活用に取り組む際に、すぐに各論から入ってしまうケースが多いと感じます。俯瞰的にプロジェクトの全体像を把握して、客観的に評価することは当事者になるとなかなかできません。プロジェクトの開始前や進行中であっても一度立ち止まる必要があると感じたときなど、ここで解説したアセスメントの利用をおすすめします。

■データを活用する土壌があるのか確認する

　データ活用を推進し、意思決定のサポートや価値創出につなげるためには、その組織が持つ土壌を把握しましょう。組織の土壌を構成する要素には、まず組織文化があり、実際に業務を行うための組織構造があり、その組織の中で問題意識や責任、オーナーシップを持った人材が実際の業務にあたっています（図3-2）。特に**組織の根本にある文化がデータ活用を成功させるための鍵を握る**ことになるでしょう。

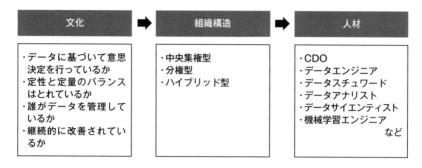

図 3-2 データ組織を構成する要素

　抽象的な概念ですが、まず組織文化について解説します。自社のさまざまな業務フローにおいて、データを活用する習慣が日常的にあるのか、以下の問いをもとに考えてみてください。

- 何らかの意思決定において、データをもとにしているでしょうか
- (すべてにおいて定量的なデータをもとに意思決定する必要はありませんが) 定性的なデータと定量的なデータのバランスはとれているでしょうか
- 意思決定に必要なデータは誰が管理しているでしょうか
- この重要なデータは継続的に改善されているでしょうか

　このように自問すると、自社のデータ活用における組織文化が整理できるでしょう。現時点ですべてが完璧でなくても問題ありません。足りない部分を補う活動を意識すればよいでしょう。

　組織文化の上に、組織構造が存在します (組織構造については 3-2 節で後述します)。データの活用フェーズによって、とるべき組織構造は変化します。今、どのような組織構造を選択しているでしょうか。それは戦略的に検討した結果でしょうか。

　データを活用する組織があれば、そこにはデータを扱う専門的な人材が所属しているはずです。自社ではどんな職能を定義しているでしょうか。データを活用できる職種や職能の定義、そうした人材の採用・育成ができているでしょうか。

　データ活用が未成熟な組織において、声の大きな顧客の影響を受けて意思決定をしてしまうケースがよくあります。顧客の声を意思決定に反映すること自体は素晴らしいのですが、定量的な基準を取り入れないと、声の大きい顧客のみの要望に対応し続けることになりがちです。顧客の声を聞く文化にデータを添えていくことがポイントです。要望の発生件数を加味して、サービスにとって良い声なのか、改善するべきものなのかなどを定量的に把握して、意思決定に利用できるような業務を構築しましょう。この業務の構築を担う組織の位置づけを明確にしつつ、そうした組織への人材の投入を進めていくことで、データ活用組織へ成熟していきます。

　最後に組織の土壌を構成する3つの要素のチェックポイントを紹介します。

- ●「データに関する文化」
  - ・データを活用して意思決定するしくみの導入・改善を妨げるような潜在的な文化要素があるか
  - ・データを誰がどのように管理しているか、また誰が意思決定しているか
  - ・データ活用の実行組織を客観的に監査する部門は機能しているか
  - ・継続的にデータに基づいた業務改善は行われているか

- ●「業務の実行と組織構造」
  - ・データ活用プロジェクトのねらいと実際の業務遂行に乖離がないか
  - ・データマネジメントを支える部門の組織構成と組織系統を把握できているか
  - ・データ要件は明確に定義され、理解されているか
  - ・組織戦略においてデータが果たす役割はどの程度認識されているか

- ●「必要なスキルと人材」
  - ・データをもとにした意思決定や組織運営ができるか（CDO）
  - ・データを収集するしくみの開発・運用ができるか（データエンジニア）
  - ・利用者のニーズとデータエンジニアの橋渡しができるか（データスチュワード）
  - ・データを分析して意思決定やサービス改善のレポートを行えるか（データアナリスト）

・データをもとに分析モデルを構築して競争優位性をつくり出せるか（データサイエンティスト）
・機械学習を実運用し、価値を発揮するように運用・開発できるか（機械学習エンジニア）

Column **データ活用成熟度のアセスメントの具体例**

2019年12月にCTO協会が発表したDX推進に向けた基準である「DX Criteria[注1]」というアセスメントがあります。データ活用の文脈から少しずれてしまいますが、このDX Criteriaの一部に「Data」のカテゴリがあります。いくつかの観点から項目が用意されており、YesからNoまでの4つの段階を入力すると、自社の状態を数値化できます。このアセスメントを活用することで、自社のデータ活用状況を把握しやすくなります。

3-2 組織の状況に合わせて組織構造を採用する

　データ活用組織において、組織構造はその活動に大きく影響します。ソフトウェアの文脈では、システム設計は組織構造を反映したものになるというメルヴィン・コンウェイ氏が提唱した「**コンウェイの法則**」が有名ですが、データ活用組織を考えるうえでも、データ基盤のシステム設計においても共通した考え方です。本節では、3つの組織構造別にデータ組織のあり方について解説していきます。

初期フェーズは集権型組織を採用しよう

　一般的には、職能に応じた組織構造を持つことが多いでしょう。例えば、マーケティング部門にはマーケティングのスキルを持った人が所属し、UI/UXデザインのスキルを持った人はデザイン部門に所属するような組織構

注1　https://github.com/cto-a/dxcriteria

造です。

　図3-3は集権型組織のイメージです。営業部門やマーケティング部門、エンジニアリング部門などの職能型に区切った組織と並列してデータ活用組織を置きます。集権型組織の場合、各部門内でデータ活用するための基盤を整備したり、データ活用を推進したりすることが多いでしょう。

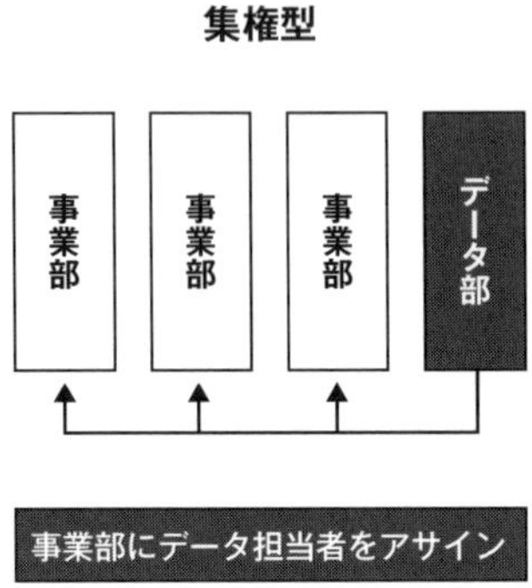

集権型

事業部にデータ担当者をアサイン

図 3-3　集権型組織では各事業部にデータ担当者を割り当てる

　データ活用組織の初期フェーズでは集権型構造をとることがよくあります。このままの構造で一定以上にデータ活用が進むと、サイロ化の弊害や集権型のタスク請負によるボトルネックが発生し、社内受託のような仕事が中心になってしまう可能性が高くなります。その対応策として、事業部横断のプロジェクトをつくり、そのプロジェクトに各事業部からメンバーをアサインする方法があります。プロジェクトは一定期間で目的を果たし解散しますが、プロジェクト化によって他部門の業務の進め方や考え方を知ることで、元の事業部にそうした情報が還元・伝播します。

中期フェーズでは分権型組織を採用しよう

　図3-4は分権型の組織構造のイメージです。この場合の事業部は、職能ではなくサービス志向・機能志向な目的を持った組織のことが多いです。顧客の課題に寄り添い、解決することで成功に導くカスタマーサクセスという言葉がありますが、例えばこれを目的に施策を行うのがカスタマーサ

クセス部門です。他にも主要サービス名を冠した部門などは、そのサービスの開発や改善に注力するような役割を持つ機能志向な組織と言えます。

分権型

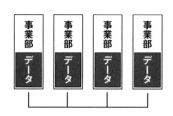

図 3-4　分権型組織は各事業部に担当者を配置する

　分権型組織の場合、データ活用組織のメンバーを各事業部に配置することで、それぞれの事業部のデータ活用を推進していきます。事業部内で情報連携が完結するため、密にコミュニケーションができ、プロジェクトの改善サイクルのスピードを上げることができます。

　事業部内のデータ活用推進には期待が持てる一方で、組織全体で考えると、機能単位でのサイロ化や同じような作業の発生、局所での最適解に陥りやすいなどの問題が起きる可能性があるので、それぞれの事業部での連携が重要です。そうしたデメリットを補う方法として、社内勉強会を積極的に行って、組織内の知見を共有する施策が考えられます。他の事業部での転用や再現が可能になる分析や施策に素早く取り組むためにもデータ基盤の整備が必要なのです。

成熟期はハイブリッド型組織を採用しよう

　最後に、集権型・分権型の両方を取り入れたハイブリッド型の組織を解説します（図3-5）。職能型の組織としてデータ活用部門を置き、データ基盤などを整備します。それに加え、横断系の組織としてデータサイエンティストやデータアナリストなどの活用人材をまとめた組織をつくり、そ

れぞれの事業部に配置します。これにより、事業部に入り込みながら、横断的に基盤の構築、運用、活用推進などを並行して進めることができるため、サイロ化を防ぐことができます。

ハイブリッド型

事業部　事業部　事業部　事業部　データ部

横断組織

図 3-5　ハイブリッド型組織

　この組織構造をとるためには一定以上のデータ活用人材が在籍していることが条件です。主務や人事評価がどちらかの組織に寄るケースもよく見られるので、運用においてはそれぞれの責務を明確にしておくとよいでしょう。3-1節で解説したアセスメントで示したレベル4以上のフェーズで採用すると、組織の実行能力をより高めることができます。

　本節ではデータ組織の構造を3つ解説しました。最初に紹介した「コンウェイの法則」から逆転の発想をして、最終的に実現したい形をもとに組織を分けることを「逆コンウェイの法則」と呼びます。自社の人材の状況や文化などを加味して最適な組織構造を選択しましょう。

3-3　データ組織の成功に必要な要因を理解する

「データマネジメント知識体系ガイド 第二版」（日経BP, 2018）において、データ組織の成功に必要な10の要因が挙げられています。

① 幹部からの支援
② 明確なビジョン
③ 前向きに取り組むべきチェンジマネジメント

④ リーダーシップ統制

⑤ コミュニケーション

⑥ ステークホルダーの関与

⑦ オリエンテーションとトレーニング

⑧ 導入状況の評価

⑨ 基本理念の遵守

⑩ 革命ではなく進化

　本節では、これらのうち⑩を除いた9項目について、筆者の経験を交え
た例を加えながら解説していきます。

幹部からの支援

　社内にデータ活用を浸透させようと試みる中で、さまざまなステークホ
ルダーと対峙することになりますが、すんなりとうまくいくことはまずあ
り得ません。組織内でのさまざまな軋轢への対応が必要なとき、**経営層が
バックアップしてくれなければデータ組織の成功にはつながりません**。一
方で、客観的な分析を実施するために、データ分析を実行する部隊には適
切な権限が委譲され、独立した組織としての振る舞いが期待されます。組
織として機能するための主観と客観のバランスを保つのは難しい問題です。

　データ活用によって意思決定の精度を上げることは経営層の課題解決に
も当てはまるため、頻繁に報告・連絡・相談を行なうとともにデータ活用
の重要性を訴え、支援を取り付けることが肝要です。例えば、経営会議の
場でデータやレポートなどを共有することは経営層とのコミュニケーショ
ンをはじめるにあたって有効であると考えます。

明確なビジョン

　データ活用組織は、明確なビジョンを掲げ、それを実現するための計画
を立てることが重要です。ビジョンがあることで、各ステークホルダーは
データ活用の必要性、優先度、業務への影響、必要な措置、それによって
得られる価値などの理解が進むとともに、納得を得るための指針になります。

　ビジョンの一例として、筆者の所属する組織では、「先生とともに、学び
から学ぶ仕組みを創り、ワクワクする生徒を増やします」というビジョン
を掲げ、そのための手段としてデータやテクノロジーを活用したサービス
の提供を目指しています。目指すべき道に必要な手段としてデータ活用が
あることを明記しておくことで、データ活用組織のメンバーへの共通の指
針にもなります。

　ビジョンを掲げるのはデータ活用組織のリーダーがふさわしいでしょう。
従来のAIプロジェクト推進においては、さまざまなAIツール、プロダク
トを導入したものの、PoCを行うだけでプロジェクトが終了してしまい、
それを何度も繰り返す「PoC地獄」と揶揄されるような状況が散見されまし
た。明確なビジョンがあれば、ねらいの明確なPoCとなり、実施した経験
から得られるものはあるはずで、次の新しい企画や施策に活かされるで
しょう。**データを利活用する施策には不確実性が付いて回ります。たくさ
んの失敗を糧に試行錯誤を続け、ビジョンに向かって邁進できれば、成功
に近づくはずです。**

▌前向きに取り組むべきチェンジマネジメント

　チェンジマネジメントとは経営学用語の1つです。組織における業務の
変革を推進、加速させ、経営を成功に導く手法のことです。データを活用
した意思決定を行うには、少なからず今までのやり方から変化しなければ
なりません。しかし、チェンジマネジメントによって多くの人に変化を受
け入れてもらうためには、不満や苦痛を強いることになり、反対される可
能性もあります。**まずは、日々のちょっとした習慣やルーティンを見直し
てデータ活用の取り組みにふれてもらうことからはじめましょう。データ
活用が日々の活動の中に組み込まれ、データにふれることが習慣となれば
成功に近づきます。**

　短期間にドラスティックに変革することが必ずしもよいわけではありま
せん。長めの期間を見積もり、データ活用を必須にした業務要件を徐々に
増やす方法や、データ活用を適用する業務を組織の目標に組み込んで、メ
ンバーの意識を少しづつ改革していく方法などのソフトランディングな
チェンジマネジメントも効果を発揮するでしょう。

▌リーダーシップ統制

　組織内で強力なリーダーシップが発揮されていれば、データ活用・推進の必要性をステークホルダーの間で合意しやすくなります。そのためには、リーダーシップを発揮するリーダーたちの目標とデータ活用の成果に整合性を持たせる必要があります。例えば、データ組織以外のリーダーがデータ活用の方向性に難色を示すこともあります。それぞれのリーダーの目指す目標とデータ活用の目指す方向性をすり合わせることができれば、目的を達成するための協力体制を構築できます。

　近年の企業における目標設定では、MBO（Management by Objectives）やOKR（Objectives and Key Results）などの手法を取り入れています。OKRは目標を達成するために成果指標（Key-Result）を設定するような目標管理手法です。達成したい目標を定量的に計測できる指標を設定することで、それ自体がトラッキング可能となり、データ活用と非常に相性がよい手法です。また、施策の目標をリーダー間の目線合わせにうまく取り入れることで、データ組織以外のチームと整合性をとることができます。一方、こうした目標設定に踏み込むことができなければ、データ組織の成功が遠くなることは容易に想像できるでしょう。あまり注目されにくいのですが、重要な成功要因の1つです。

▌コミュニケーション

　データ活用の文脈において、ステークホルダーは組織全員が対象です。また、場合によっては社外の関係者も対象となるケースもあります。データ活用組織のリーダーは、**伝えるメッセージの内容だけでなく、その伝え方も設計しましょう。**

　データとの関連が少ない部門や活用意識の低いメンバーも組織の中には多く存在します。例えばデータ活用組織のメンバーがステークホルダーを全員集めた定例ミーティングのような場で、データをもとにしたメッセージを発信し続けるコミュニケーションは有効な選択肢です。ところが、モニタリングしているKPIの変化を伝えるだけでは、なかなか意図は伝わりません。その変化のもととなった要因や仮説、施策や外的要因など、説明

可能なものは多岐にわたります。こういった背景を相手に合わせた説明に落とし込みましょう。丁寧なコミュニケーションを積み重ねることで、ステークホルダー自身に問題意識が生まれ、自分ごと化されるようになり、データ活用の促進につながります。

　メッセージへの反応や、誰からリアクションがあったのかなどを検証すると、効果的なメッセージングにつながります。組織は各部門がさまざまな役割を分担しているため、常に同じ目線を持っているわけではないと認識しておく必要があります。ある時点でのデータの変化に興味を持つ部門とそうでない部門とがあるのは想像に難くないでしょう。ここでも丁寧なコミュニケーションを続けていれば、どの部門がどんなデータの変化に興味があり、感度が高いかがわかってきます。また、データ組織が定期的に組織内のアンケートやサーベイ、ヒアリングなどに関与して、情報収集しておくことで、定性情報と定量情報を加味したコミュニケーションが可能になります。

■ ステークホルダーの関与

　さまざまなステークホルダーのニーズに合わせて柔軟に対応し、業務を設計できるかは、データ組織成功への鍵となります。ステークホルダーは多種多様な状況が考えられ、その状態を整理する目的で行うステークホルダー分析では以下のような検討項目があります。

- データ活用によるステークホルダーへの影響範囲
- ステークホルダーの役割と責任の整理
- 各ステークホルダーの課題
- 重要なデータや情報の権限の管理者
- 他のステークホルダーに影響を与える人物やグループはどこか

　このような分析によって、それぞれのステークホルダーに対して、なぜデータ活用に積極的に関与していくべきなのかを明確にでき、説得しやすくなります。データ活用の影響が及ぶステークホルダーの積極的な理解と関与が得られなければ、プロジェクトが成功する確率は低くなってしまう

でしょう。

　例えば、メールマーケティングを分析によって改善する際のステークホルダーをかんたんに整理してみます。このとき、データ活用によって影響を受けるのは、企画をしているマーケティング担当です。必要なデータを取得し管理しているのはデータ組織になるでしょう。マーケティング部門が必要なデータを取得・分析し、そこで得た知見をもとに、顧客への訴求内容を検討します。メッセージなどのクリエイティブはディレクターやデザイナーが作成することになるでしょう。ここで懸念されるのは、メッセージの内容がサービスコンセプトのポリシーに沿っているかや、過度な広告内容になっていないかなどの観点です。また、利用者が不要なメールをたくさん受信していないかなどの接触機会の確認も懸念事項に挙げられるでしょう。こうした懸念点に応じて適切な措置をとり、必要なメッセージを決めて、配信するかどうかはマーケティング部門長が決裁を下します。このようなプロセスを経たあとは顧客に配信予約を設定するだけです。その訴求によって、顧客の問い合わせが増えるかもしれませんので、問い合わせ窓口などのメンバーには事前に通達をしておく必要があります。

　1つの施策であっても、多くのステークホルダーが関与することがわかります。実際には上記のように、責任範囲や各ステークホルダーの課題なども整理しましょう。

▍オリエンテーションとトレーニング

　データ活用における教育（トレーニング）はプロジェクトの成功に不可欠な要素です。関わる部署やメンバーによってさまざまなプログラムを準備しなければなりません。さらに、データスチュワードやデータサイエンティスト、データアナリストなどデータ活用を推進する側のメンバーは、技術知識だけでなくデータ活用に取り組む意図や効果、意義などを詳細に理解できている必要があります。

　不足しているプログラムがあれば、追加しましょう。例えば、データがデータベースに保管されている場合、SQLを習得すれば欲しいデータを集計・加工できます。ここでSQLを利用できるメンバーを増やすためにSQL勉強会を実施するのもよいでしょう。データ集計のあとに、可視化して共

有する必要があれば、ダッシュボードやグラフの正しい使い方などのプログラムを作成してもよいでしょう。誰がどんなスキルを持っていて、どんなスキルが足りないかを効果的に見極めたうえで、実施することが重要です。

導入状況の評価

データ活用の状況をモニタリングすることで、成功までのロードマップの進捗を評価できます。以下のようなモニタリングの観点があります。

- データ分析ツールなどの導入状況
- 定期的な進捗評価
- データ活用が貢献しているものは何か
- 業務プロセスのボトルネックや改善ポイント
- 分析の品質
- データの品質

例えば、ツールの導入状況を評価する方法として、利用者の数や頻度、割合などのトラッキングがあります。これらを定期的に見て、導入施策を検討します。また、データ活用が何に貢献しているかを明示することで、それに対する影響度を測ることができます。分析の品質を測定することは非常に難しいのですが、その分析が再現可能なものであるかや分析結果を用いた施策によるビジネス成果などでモニタリングしておくとよいでしょう。データの品質についても正確性、完全性、一貫性、整合性、妥当性、一意性、有効性などの観点から自社データの品質を定義することもできます。ここに挙げた観点から、各項目をモニタリングすることで、データ活用の導入状況を総合的に評価できるようになるでしょう。

基本理念の遵守

ただやみくもにデータを活用すべきとするのではなく、基本理念を提示し、それを遵守することも重要です。基本理念があると、戦略的な行動指針を策定しやすくなり、一貫した行動や改善につながります。裏を返せば、基

本理念がしっかりしていない場合、現場の行動となる日常業務における行動指針がブレてしまい、成功する確率を低くしてしまうのです。

　ビジョンと基本理念を混同してしまうケースもありますが、ビジョンというのは組織がありたい状態目標のことで、基本理念はデータを扱う際の行動原則や指針のような位置付けと解釈してかまいません。

　本節ではデータ組織の成功要因について、データマネジメント知識体系ガイドより引用した項目について取り上げ、筆者の経験を加味して解説しました。各項目は幅広い観点でとらえることができるため、それぞれの組織でアレンジしてみてください。

3-4　データ組織を構成する職種と採用戦略の基本を押さえる

　近年、データサイエンティストをはじめ、データエンジニア、機械学習エンジニア、データアナリストなどのデータにまつわるさまざまな職種が登場してきました。こうした専門性を持った職種のメンバーでデータ組織を構成し、全社のデータ活用を推進することが望ましいでしょう。

　まだ知名度は高くありませんが、全社の組織を統括する責任者として、CDO（Chief Data Officer）という役職を置く企業もあります。業務の役割として明確な責務を担った組織や人材がいなければ、継続的なデータ活用につながらず一時的なケースで終わってしまいます。データに関する取り組みの責任や経営層とのコミュニケーション、全社の予算や優先度を決めるための役割は、今後注目されるようになるかもしれません。同様に、組織で重要な役割を演じるデータスチュワードも注目の職種です。

　本節では、それぞれの職種と役割と採用戦略について解説していきます。職種や役割は企業や組織によって定義が異なるため、一概に本節の記述がすべて当てはまるわけではありません。職種に関しては便宜的に定義していますが、必ずしもこの役職が必要というわけではなく、**こうした役割が必要であるととらえて読んでみてください**。

データ活用を推進するCDO

　CDOは企業におけるデータを資産としてとらえ、その活用により競争優位性をつくり出していくための最高執行責任者です。全社規模のデータ活用戦略を策定・実行していきます。企業におけるデータ活用においては、企業の持つ機能や文化、組織構造などによりそれぞれのニーズが発生します。ここでさまざまな課題をとらえ、自社のデータ活用戦略を確立していくことがCDOに求められる最初のステップです。戦略を策定したあとは、データ活用を業務要件に組み込むため、また組織化のために有効な人材を集めるため、さまざまな部署との調整を行います。社内にそうした人材がいない場合は人材の採用も必要です（採用については後述します）。

　組織化できたら、データに関するポリシー、ガバナンス基準、業務手順などを策定していきます。このステップを最初につくり込むのは難しいため、最低限のルールや業務手順などを策定して実行可能な状態を整え、継続的に改善していくことが望ましいでしょう。

　次のステップは、自社内でのデータ活用案件の適切な把握・管理です。それぞれのプロジェクトがどのような状況にあるのか、また適切な人材がアサインされているのか、追加のリソースが必要なのかなど、ケアすべきことは多岐にわたります。

　その後、データ活用の本丸であるデータを活用した製品開発やナレッジ提供を各ステークホルダーに提供します。事業会社であれば、自社のサービス状況を反映したダッシュボードの構築やそこから分析したインサイトの提供、少し踏み込んだモデル開発などが該当します。実際に手を動かすのはCDOではありませんが、データサイエンティストやデータエンジニア、データスチュワードなどの業務を活かす組織づくりは重要な役割の1つです。

　データ活用による価値提供が始まったら、データ活用に関する活動を監視・モニタリングするしくみづくりを先導します。こうした一連の流れを構築できれば、継続的なデータ活用推進を実現できるでしょう。また、定期的に経営会議でのレポーティングや意思決定支援・提案を行うことも忘れてはいけません。ここで解説したような役割を担い、全社のデータ活用を推進していくことがCDOの職責と言えるでしょう。

データを整備するデータスチュワード

データスチュワードは、データサイエンティストやデータアナリストなどの利用者のニーズをくみ取り、データエンジニアが収集したデータを整備するための役割です。これまで、データスチュワードのような職種はあまり知られていませんでしたが、データ活用が継続的に実践されるうえで、重要な役割を担うようになってきています。本書の内容を押さえておけば、データスチュワードと名乗れるかもしれません。データスチュワードの詳細については、1-12節を参照してください。

意思決定を支援するデータアナリスト

データアナリストはデータを集計・分析し、さまざまな意思決定を支援することが主な役割です。取得したデータを用いたダッシュボード作成、アンケートの設計や分析、ときには定性調査を行うなど、サービス改善につながるインサイトの提供を期待されています。実際にデータを分析するために、データスチュワードが担うデータ整備の領域に関与することも多いかもしれません。

データからインサイトを発見するデータサイエンティスト

データサイエンティストは取得したデータから価値を創出するために、学習や推論モデルの開発やさまざまなツールを駆使してインサイトを発見することが主な役割です。成熟したデータ活用組織であれば、データサイエンティストはこうした業務に特化できますが、多くの企業では、前述したデータアナリストの業務を担うことも多いでしょう。データの収集ではデータスチュワードとの接点が多くなりますし、モデルを開発し、運用していく際には機械学習エンジニアと接点が多くなるでしょう。データ活用の状況や目的に応じて、他の役割に越境していくケースも多く見られます。

▌データ基盤の構築・運用・保守を行うデータエンジニア

　データエンジニアは第 2 章で解説したデータの収集やシステム構築・運用・保守を担当する役割です。データの発生源から、さまざまな技術を使ってデータを収集し、継続的にそれを実行できるシステムを構築して運用・保守までを担当します。データエンジニアが収集したデータをデータスチュワードと連携し、データを意味のある形に加工していくことを考えると重要な役割だと言えます。

　最後に近年台頭してきた機械学習エンジニアについてもここで解説します。機械学習エンジニアはデータサイエンティストが開発したモデルやアルゴリズムを実際にサービス内にデプロイするために、モデルのリファクタリングや API 開発、機械学習用のデータパイプライン（ML パイプライン）を整備して、データやモデルのバージョン管理を行いながら、サービス化していく役割が期待されます。組織によっては機械学習基盤の開発・運用・保守なども行うため、機械学習における知識だけでなく、インフラに関する知識やネットワーク・セキュリティに関する分野にまでわたる広範囲な知識やスキルが求められます。近年ではクラウドサービス上でこうした機械学習の環境を構築するため、さまざまなクラウドサービスの知識や技術が求められる機会も増えています。データエンジニアが機械学習エンジニアの職責を担当する企業も多いでしょう。

▌採用戦略

　ここまで解説してきたような専門性を兼ね備えている人材を社内で斡旋しようと思っても、よほどの大企業でない限りは難しいでしょう。こうした人材を社内に迎え入れるためには、言うまでもなく採用が重要です。すでにデータ活用組織があり、ある程度の戦略が策定されていれば、あとは必要なピースを揃えて愚直に実行していくだけなので悲観することはありません。採用戦略を実行するためのステップは以下の通りです。

- 戦略実行のための不足職種と人数を診断
- 採用計画策定と予算化

- 業務要件の定義と募集要項の策定
- 採用媒体の選定
- 採用プロセスを標準化
- 採用活動の実施
- ふりかえり

順に解説していきます。

戦略実行のための不足職種と人数を診断

まずは、データ活用戦略を実現するために必要な職種と人数を診断します。データ活用戦略の理想像を描き、必要な職種と人員を検討しても絵に描いた餅になってしまうため、データ活用に積極的な部門に対して、必要な支援やサポートがどれくらいなのかを見積もるとよいでしょう。

データ活用の初期の段階では、体制もツールもデータも整備されていないため、データに関係するものにはなんでも取り組むことになるでしょう。この段階では、対応するリソースが逼迫しやすいため、データ活用組織がボトルネックになりがちです。対応する案件の優先順位は特に気をつけましょう。ある程度リソースが増え、成熟してくる中盤のフェーズになると、少し余裕も生まれデータ活用が根付く部門も出始めます。その段階では戦略的に人員構成を変えてみたり、組織の構造を変化させたりすることで、その後の状況に柔軟に対応できるようになるでしょう。

採用計画策定と予算化

次に、採用計画を策定します。半年、1年、3年程度の短・中期のマイルストーンを検討するとよいでしょう。採用活動はリードタイムが長くなることが一般的です。特に専門スキルの高い人材は1〜2年といった期間のアプローチを経て採用に至るケースもよくあるため、ある程度の期間を見越したマイルストーンを設定します。また、それにともない必要な予算を承認してもらう必要があります。

このように、採用計画は不確実性が高く、計画と実績に乖離が発生します。管理会計の厳格な組織の場合、こうしたズレが大きな課題になる可能性があるため、丁寧な調整が必要です。また、計画予算が大幅に未達成と

なると、その翌年の予算を獲得することが困難になるため、自分たちの採用力に見合った地に足のついた採用計画を立てることをおすすめします。

業務要件の定義と募集要項の策定

次に、業務要件を定義し、募集要項を策定しましょう。ありがちなのが、業務要件や募集要項の抽象度が高かったり、あいまいな記述だったりするケースです。これでは専門性の高い人材が警戒するだけでなく、スキルを持たない人材に誤解を与えてしまうおそれがあります。見栄えの良い言葉を書き連ねるのではなく、組織の身の丈に合った中で少しチャレンジングな業務要件と募集要項を明確に定義しましょう。

採用媒体の選定

業務要件が確定したら、採用情報を掲載する媒体を選定します。一般的な転職者が多い採用媒体よりも、IT系の職種に強い媒体やそうした人材が閲覧する確率の高い媒体を優先的に選定しましょう。全方位的に募集を出すことも考えられますが、費用対効果が悪いことが多いでしょう。応募者への対応にはかなりの労力を要するため、採用媒体の見極めは慎重に行ってください。ニーズに合った候補者に接触できる媒体のあたりがつけば、少ない回数で選抜でき、工数を多く割くことなく欲しい人材にリーチできます。

採用プロセスを標準化

媒体を選定して募集を開始したあとは、採用のプロセスを標準化しましょう。書類選考、一次面接や二次面接ごとにどういった観点で検討するのか、その検討基準を言語化します。例えば、過去に携わったプロジェクトの概要を面接で聞くときには、面接者の担った役割や振る舞いと求めている要件が合致するかどうかを、定義された基準をもとに判断します。スキルなどの具体的な要件は判断しやすいですが、プロジェクトを進める中で求められる要素はチームによっても異なるため、それを聞き出してチームにマッチするかを見極めることは、面接におけるポイントの1つです。

データ活用組織のメンバーに選考に入ってもらう場合も考えられます。**採用プロセスとその役割が言語化されていないと、判断基準があいまいに**

なってしまうため、**採用のミスマッチが発生する**リスクが高くなってしまいます。また選考にあたっては、スキルを確認するためにちょっとしたデータ分析の課題やコーディングテストを実施してもよいでしょう。

■採用活動の実施

　以上のようなステップを経たら、あとは愚直に採用活動を繰り返しましょう。専門性の高い職種は常に売り手市場であることが多いので、待っているだけではなかなか応募が増えません。そうした場合は、転職エージェントの活用や、スカウトを実施していくことも選択肢に挙がります。有名なBtoCサービスを提供している知名度の高い会社であれば、応募数を増やすことはそれほど難しくないかもしれませんが、ほとんどの企業は社外へアピールして応募数を増やす活動が重要です。

■ふりかえり

　採用活動の実施状況によりますが、定期的に採用活動の内容をふりかえっておくのも重要です。以下の項目を定量・定性でふりかえることにより、その後の採用活動の改善度合いが変わります。

- 募集時期と期間
- 募集媒体
- 応募数
- 採用プロセスのファネル（次のステップに進んだ人数と割合など）
- 採用人数

　例えば、KPT（Keep, Problem, Try）やYWT（やったこと、わかったこと、つぎにやること）方式のふりかえりはよく使われるフレームワークです。実際に選考プロセスの定量データを確認しながら、採用プロセスにおけるKeepしたい取り組み、Problemが明るみになったこと、次にTryすることを振り返ることで、より良い改善につながるでしょう。採用プロセスのファネル分析によって、どのプロセスに力を入れるのかの見極めや、改善施策をどのプロセスに導入するかなどを検討できます。

　これまでに策定した戦略、募集要項や業務要件、採用プロセスなどのど

こに課題があったのかを明確にし、改善策を講じたうえで次の採用に臨めば結果はついてくるはずです。データ組織の採用戦略だからといって特別なノウハウがあるわけではありません。実行可能な戦略を立て、それを継続的に試すことで活路を見出せるでしょう。

3-5 データ活用とセキュリティは トレードオフの関係にあることを理解する

データ活用とセキュリティのトレードオフ

　近年、GDPR[注2]やCCPA[注3]などの個人情報保護に関する規制が策定されており、グローバルなサービスを展開する企業かどうかにかかわらず、従来の管理方法やセキュリティ水準のままでは時代の要件に見合わない可能性があります。国や地域によってポリシーや解釈が異なることにも注意が必要なため、自社内だけではなく、広く一般的な事象や法律、ガイドラインの改定などにも目を向けておく必要があります。2019年には、リクルート社が内定辞退率を企業に提供していた件が問題になりました。このようなデータ取り扱いの不備が報道されると、企業は新たな基準へのアップデートを迫られます。

　ここからはデータを取り扱う際に検討しなければならないセキュリティやポリシー、また運用における注意事項について解説していきます[注4]。データ活用とセキュリティはトレードオフの関係性にあり、データ活用に舵を切るとセキュリティのリスクは上昇します（図3-6）。一方、セキュリティを強固にする方針をとると、データ活用に必要となるさまざまな要件に制約が課されるため、思うように活用が進まなくなってしまいます。トレードオフを理解して推進することがデータ活用組織には求められます。

注2　GDPR(General Data Protection Regulation：一般データ保護規則)：
　　　https://www.ppc.go.jp/enforcement/infoprovision/laws/GDPR/
注3　カリフォルニア州 消費者プライバシー法(CCPA) の概要：
　　　https://www.intellilink.co.jp/column/security/2020/070100.aspx
注4　セキュリティポリシー全般ではなくデータに関連するデータセキュリティポリシーに関して解説していきます。

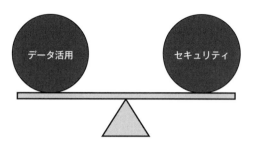

図 3-6　データ活用とセキュリティのトレードオフ

　組織内にはさまざまなデータが存在します。組織内のメンバーにアクセシビリティを与えることによるリスクは、メンバー数と情報・データの種類を組み合わせた数だけ想定できます。一見、すべてのメンバーに対して適切なアクセシビリティを用意していると、素晴らしいデータ利活用の環境を用意しているように捉えられがちですが、運用難易度は非常に高く、現実的には無理があると言えるでしょう。例えば、企業の顧客の情報が格納されたデータベースを組織内の誰でも閲覧できるような環境に置かれているとしましょう。そのデータを活用して新しい企画を検討したり、分析モデルを構築したりするには素晴らしい環境ですが、顧客のメールアドレスや氏名などの情報は個人情報となり、万が一でも漏洩してはいけませんし、そもそも分析に必ずしも必要な情報ではありません。

　では、セキュリティを重要視した組織とはどのような指針を持つのでしょうか。情報やデータを守ることに振り切ろうとすると、そもそもそういった機密情報を持たない選択肢が一番です。しかしこれでは何もできないため、厳重にアクセス制限をかけ、ほとんどの従業員のアクセシビリティを制限するような運用が考えられます。これでは、ちょっとした集計を行うだけの業務に何営業日もかかるようなことも起き得ます。

　データ活用とセキュリティのトレードオフを適切に見極め、次節で解説するポリシーを策定したうえで、実装・運用を行う必要性があります。

▌データ取り扱いにおける優先すべき 4 つのポイント

　データの取り扱いに関する運用について、新しい取り組みを採用すれば
その分の手間は増えますし、チェックすべきポイントも増えます。組織の
キャパシティには制約があるため、すべてに対応することは現実的ではあ
りません。運用できる取り組みのみに絞り込んでアップデートしていくこ
とが必要です。図3-7にデータの取り扱いにあたって優先して整理すべき
4つのポイントと各項目をまとめました。

ステークホルダー

・プライバシー保護と機密性
・秘密情報
・ビジネスパートナーの営業情報
・M&A
　　　　　　　　　　　　　など

法規制など

・法律、政令
・ガイドライン
・パブリックコメント
・GDPRやCCPA
　　　　　　　　　　　　　など

現場の利活用ニーズ

・適切なセキュリティ水準
・データのアクセシビリティ
・ユーザ業務とのバランス
・権限管理と監査
　　　　　　　　　　　　　など

ビジネス上の検討事項

・企業秘密
・知的財産
・観客ニーズとノウハウやナレッジ
・ビジネスパートナーとの取引情報
　　　　　　　　　　　　　など

図 3-7　主なデータセキュリティにまつわる 4 つの観点

　例えば、データやセキュリティについては、その利用において「ステー
クホルダー」が存在します。相手の情報それ自体がセキュリティとして保
護する対象となりますし、プライバシー保護や機密性の観点も重要です。
また、M&Aや営業情報なども重要性の高い情報として適切に管理してお
くべきでしょう。

　また、「法規制」に関する観点も忘れてはいけません。個人情報保護法が
制定されてからは罰則が科せられるようになりました。加えて、自治体な
どが定めるガイドライン、有識者などのパブリックコメントなどにも、法
規制の方向性の議論や取り扱いに関する情報が示されるため、確認してお
くべきでしょう。さらに海外の個人情報保護に関するGDPRやCCPAなど
の地域によった取り扱いの差異も把握しておくとよいでしょう。

　このような守りの観点とトレードオフになるのが「現場の利活用のニー

ズ」です。セキュリティを守り過ぎてしまうとデータを利用しにくくなるので、バランスを見極めて運用する必要があります。そうした中で、「ビジネス上の検討事項」として、企業秘密をどのように管理しておくのか、知的財産として保護すべきなのか、顧客のニーズやノウハウ、取引情報なども重要情報としてどのように管理するのかを考えなければなりません。

┃セキュリティには求められる要求が多い

　経済産業省がまとめている情報セキュリティ管理基準[注5]では、管理基準として「マネジメント基準」と「管理策基準」を定義し、運用するように求めています。

●「マネジメント基準」の要求事項
- 組織における基準の策定
- 組織体制の構築
- 責任や権限の定義
- 利害関係者の定義
- 適用範囲の確立
- リスクの洗い出しやセキュリティアセスメントの運用

●「管理策基準」の要求事項
- 情報セキュリティ方針の策定
- 組織体制の構築
- 人的資源のセキュリティ
- 資産管理
- アクセス制御などの業務に関する項目

　これらの項目は多岐にわたるうえ、抽象的な概念のため、自社の管理基準に落とし込む作業は、非常に難易度が高いと言えます。
　データ活用の多くの場面では、具体的な現場のニーズがあり、そのうえ

注5　https://www.meti.go.jp/policy/netsecurity/downloadfiles/IS_Management_Standard_H28.pdf

で必要なデータや要件が決定するでしょう。具体的なニーズを抽象的な要求仕様に置き換えるのは比較的決めやすい作業です。しかし、このときセキュリティ面で考慮すべき事項の見落としが発生します。例えば、適切なセキュリティ管理や業務フローを構築したとしても、外部の攻撃は日夜進歩していて事前にすべてを想定することは難しいですし、適切な業務フローの中で行われていた作業者のミスを起因とするインシデントも防ぐことが難しいと言えます。

　セキュリティ側で意識しなければならないのは、個別のデータ活用施策が問題ないか法規制や組織内のポリシーと照らし合わせたうえで判断することです。データの利活用時のセキュリティはその周辺だけをケアしておけば万全のように思いがちですが、実は予期せぬトラブルや攻撃に見舞われるリスクがあるということを意識しておく必要があります。すべてを事前に守るのではなく、何かが起きたら素早く対処できるような体制や考え方も重要です。

▌活用の価値は見えやすいがセキュリティは見えにくい

　データ活用によるソリューションの提供は、企業における価値の創出としてわかりやすい施策です。データ活用をしたいと考える側は価値を追加していく足し算の発想をするのが自然ですし、評価体系とも相性がよいため個人の実績としてアピールもしやすいです。一方、セキュリティ側はその価値が見えにくいうえに、常に100%守られていることが前提と言えます。そのため、平常時はいろいろな対策や手段を講じていたとしても、その努力はなかなか認識されにくいでしょう。

　多くの企業では、このような責務を担っている部署はデータ活用組織ではなく、セキュリティ専任の部門が担っていることが多いでしょう。セキュリティ部門はセキュリティの定義の中で運用を行い、リスクを管理したいのですが、データ活用に柔軟に対応しようとすると、さまざまな例外パターンが生まれ、やがて管理が煩雑になりセキュリティ水準を守れなくなります。

3-6 組織の利益となるデータのセキュリティポリシーとそのセキュリティ基準を決める

データのセキュリティポリシーを定義する

ポリシーとは、一連の目標を達成するために選択された活動方針や制約を記述したものです。データ活用を進めるうえで、組織はビジネス要件や規制要件に基づいた**データのセキュリティポリシー**を策定する必要があります。データのセキュリティポリシーには、データを保護したい組織の利益になると判断できる活動や振る舞いを記述していきましょう。

ここで定めたデータのセキュリティポリシーは、法的な意味を持つこともあります。セキュリティに関する重大な問題が発生した場合、組織外の人間が業務規定やデータのセキュリティポリシーを参照して、取り扱いが適正かどうかの判断の基準とするため、こうした定義が重要な局面で役立つこともあります。

データのセキュリティポリシーには下記のような項目が考えられます。

- 情報資産への従業員のアクセス可否
- 職責や役割に応じたセキュリティ、アクセス可否
- セキュリティ違反報告ポリシー
- アプリケーション、データベースの役割
- 情報のセンシティビティにおけるカテゴリ分類

組織内のメンバーはデータのセキュリティポリシーにしたがって業務を遂行することになるため、常にそのポリシーを確認できるように、社内の共有情報では階層の上位に配置しておくとよいでしょう。また、一度策定して終わりではなく、定期的に監査[注6]を行い、評価や見直しを実施していくことも必要です。

例えば、セプテーニ社における個人情報の取得情報と利用内容の開示は

注6　監査については3-12節で解説します。

非常にシンプルでわかりやすいです^{注7}。どんな場面でどんな個人情報を利用しているか、その利用目的や意図を明示することで、社内での取り扱い方法やルールも決めやすくなりますし、社外にも伝わりやすくなり、許諾や同意も得やすくなります。このようなポリシーの策定を目指しましょう。

データセキュリティ基準の定義

　データのセキュリティポリシーを策定したあとは、データセキュリティ基準を定義していきます。ここで考慮する主な項目は以下の通りです。

- データの機密性
- データの可用性
- データの完全性

　情報セキュリティの分野では、CIAなどとも称される「機密性」（Confidentiality）、「完全性」（Integrity）、「可用性」（Availability）の3つをセキュリティに必要な要素として挙げています。データのセキュリティポリシーの各項目においてもこれらの基準を適用できます。

データの機密性

　機密性が保たれている状態では、許可されたメンバーのみがデータへアクセス可能で、許可のないメンバーは利用や閲覧もできません。個々のデータへのアクセスや利用状況は組織に応じて異なるため、それぞれのポリシーをもとに制定するべきですが、その考え方は共通化できます。それは、**業務上必要なタスクを実行するために必要最小限の特権を認めること**です。例えば、あるデータにアクセスし、集計・分析をしたいメンバーがいた場合、適切に権限が付与されていないと業務を遂行することができないため、不便が生じてしまいます。しかし、機密性を保つためには不必要な権限を与えないようなコントロールが必要です。

注7　個人情報の取得と利用内容｜株式会社セプテーニ・ホールディングス：
　　　https://www.septeni-holdings.co.jp/dhrp/guideline/applicationpolicy/

■データの可用性

可用性は機密性と対になるような概念で、メンバーには与えられた権限の中で、必要なときにデータにアクセスできる状態です。クラウドサービスなどを利用している場合、IAM（Identity and Access Management）などを用いて個々に権限を付与していることが多いでしょう。ひとりひとりに権限をカスタマイズしていると、管理するコストが増大してしまうため、いくつかのグループに分けて、その中で必要な権限を付与しておくとよいでしょう。

■データの完全性

完全性とはデータに正確性があり、改竄されていない状態のことです。アプリケーションのログやシステムログなどの情報は機械的に計測されるため、この時点で完全性を脅かすことは少ないですが、データパイプラインを通して処理を行うプロセスで完全性を保てなくなることがあります。また、元データが人手で入力されるようなデータソースの場合は、意図せずおかしな値が入ってしまう可能性があるため注意が必要です。また、処理の変更による問題の発生を検知するため、監査ログ（Audit Log）を取得し、必要なときにその要因分析ができる状態にしておくことが望ましいです。

3-7 適切な権限設定と リスク管理方法を定める

■IAMを用いて権限を管理する

誰が（Who）、どんな情報やデータ（What）にアクセスできるかの適切な権限設定の管理は煩雑になると前述しました。近年、Amazon Web ServiceやGoogle Cloud Platformなどのクラウド環境を利用してデータ基盤を構築することが一般的になっており、こうした環境での権限管理にはIAM（Cloud Identity and Access Management）を用います。

以下のような機能がIAMによって実現できます。

- アクセス制御
- シンプルな構造の保持
- ロールを付与
- データ基盤の権限管理を一元化

　特定のリソースに対するメンバーのアクションに、承認を必要とするアクセス制御が可能です。GUIによる管理画面も用意されており、メンバーのアカウントやメールアドレスなどをもとに権限を承認・付与できます。

　組織構造が拡大し、メンバーが増えることで、セキュリティポリシーも複雑化する傾向にありますが、クラウドサービスで提供されるIAMではシンプルな管理画面で提供されていることも多く、適切に管理することができます。しかし、クラウドサービスによって思想が異なるため、複数のサービスにまたがって管理するような場合は、セキュリティポリシーの複雑化に注意してください。

　セキュリティポリシーはシンプルに保ち続けることが重要です。個人単位で柔軟にきめ細やかなアクセス制御も可能ですが、セキュリティポリシーの複雑度が一気に増し、運用が回らなくなるおそれがあります。そうした懸念に備えて、いくつかのグループに分けて管理することで、一定の水準を保つことができます。グループ管理については次項で解説します。また、各リソースへのアクセス状況などの監査ログ（Audit log）が提供されているため、管理者はそうしたログを監視し、適切な権限付与の見直しを行うことも可能です。このように管理コストが肥大化してしまいがちな権限管理がIAMによって効率的になると、運用の見直しを頻繁に行うことも可能です。

■アクセシビリティはグループ管理で効率的に行う

　繰り返しになりますが、ひとりひとりの権限管理について、個別の判断をしていると運用が破綻します。メンバーをいくつかのグループに分けることで、効率的な運用管理ができます。

　図3-8はグループ分けのイメージです。縦軸のTierは情報の機微な度合いごとに分けています。Tier1からTier4にかけて機微度が上がり、より重要な情報になるほどアクセシビリティは下がります。自社で保有してい

る情報やデータを策定したセキュリティポリシーに基づいて、このような
情報群にグルーピングしておくとよいでしょう。

	グループ1	グループ2	グループ3	扱える情報
Tier1 （公開情報）	○	○	○	公開情報 統計情報
Tier2 （社外秘）	○	○	○	社外秘情報
Tier3 （機密情報）		○	○	顧客リスト 重要情報
Tier4 （最重要情報）			○	個人情報 センシティブなデータ

図 3-8　アクセシビリティの管理の例

　例えばTier1の公開情報は企業のプレスリリース情報や公開されている
統計データなどが該当します。Tier2の社外秘情報は、企業における特有
の情報、自社サービスの利用情報などのデータが該当します。NDAを締
結することで、開示することもあるでしょう。Tier3においては、個人情
報を除いた顧客リストなどが該当します。その企業でしか保有し得ない情
報であり、漏えいすると問題となるレベルです。Tier4はその企業が保有
する最も重要な情報で、顧客情報であれば個人情報やそれに相当する情報、
要配慮個人情報のようなセンシティブなデータが該当します。こうした
データは厳重に扱う必要があります。

　また、横軸のグループには部門や人が該当します。業務内容に応じて必
要な情報やデータは異なるため、どの部門に所属しているメンバーがどの
情報にアクセスできるのかを定めましょう。グループ1は情報の機微度が
低いため、多くのメンバーが所属するグループです。そこから少し機微度
の高い情報にアクセスできるようにしたのがグループ2です。このグルー
プは社内の機密情報にアクセスできるようになるため、適切な権限管理が
必要です。グループ3はほぼすべての情報にアクセスできるため、セキュ
リティ部門や管理者など限られたメンバーのみに閉じられたグループです。
運用の事例として、アルバイトや契約社員の方などの雇用契約のメンバー
はTier1までの権限を、正社員にはTier2までの権限を付与し、あとは業

務内容などの必要性に応じてアクセスが必要な部門に対してTier3までの
アクセス権限を付与するなどの運用が望ましいでしょう。

　運用をしていくと、このグループ分けでは満たせなくなる情報レベルが
発生してきます。その都度Tier情報やグループ情報の見直しを行なってく
ださい。

3-8 データ利用や権限管理などの運用ルールをドキュメント化する

▎運用ルールのドキュメントを作成する

　データ活用を効率化させるため、前述した権限管理のような情報はド
キュメントに残し、共有しましょう。ドキュメント化に際して押さえてお
きたい点は、「社内でデータを活用したいメンバーが必要な権限を得るため
の手続き」と「権限管理をする管理者が実際に行うオペレーションの運用
フロー」です。

▎社内でデータを活用したいメンバーに必要な情報

　社内向けの運用ルールを示すドキュメントに最低限必要な要素を挙げま
す。

- 情報の場所と種類
- 情報にアクセスできる権限
- 権限を得るために必要な承認フローやプロセス
- 問い合わせ先（相談する担当者や管理している部署）

　最新の情報や運用の変更にドキュメントが対応できない場合は、なるべ
くしくみによって適切な運用がなされるように改善していくべきですが、
初めの一歩としては利用者に必要なルールを言語化しておくべきでしょう。

■「権限管理者」に必要な情報

　オペレーション情報が権限を持つ管理者間の暗黙知で共有されていることがあります。これでは、新たな管理者が追加されたときのキャッチアップや引き継ぎがスムーズにできません。以下のような情報はあらかじめドキュメントにまとめましょう。

- 各種権限の設定情報
- ユーザの権限管理情報（誰がどんな権限を付与されているのか）
- 新規に権限を付与する際のオペレーション方法
- 権限を変更する際のオペレーション方法
- 退職者や部署移動時のユーザ削除方法

　クラウドサービスなどを利用していればユーザ管理画面で各種権限の設定情報を確認できますが、複数のクラウドサービスを利用していると情報を一元管理するのは難しいため、ドキュメントに運用ルールなどを記載しておくとよいでしょう。次に、新規の権限付与と権限変更の方法を具体的に記載することで、オペレーションの標準化・効率化を図りましょう。権限管理の際にグループ単位での管理を解説しましたが、メーリングリストなどのグループを作成し、そこに必要な権限を付与して追加していくようにすると業務の負荷を下げることができます。最後に、ユーザの異動や退職時に適切にアカウントを削除する場合の業務やルールを記載してください。

■ 設定情報をコードで管理する

　クラウドサービスではコンソール画面でさまざまな設定ができますが、これだけでは設定内容を共有しにくいことがあります。また、複数のクラウドサービスを利用することにより設定情報の管理は煩雑になるため、コードベースで管理する[注8] IaC（Infrastructure as Code）と呼ばれる方法が知られるようになっています。設定ファイルの記述を見ることで、他の担当者であっても設定情報を明確に理解できます。GUIによる設定におい

注8　https://cloud.google.com/artifact-registry/docs/integrate-terraform?hl=ja

ては、そこに至った経緯を記録できないことも多いです。設定ファイルの変更の際に、コード管理ツール上で変更リクエストを出し、レビューを経て正式に採用される手続きを踏めば、過去にどんな設定をしていて、その変更はいつどのように行われたのかも遡ることができます。Terraformが主なツールとして挙げられます。

　コード管理によってコミットの履歴を確認することで証跡を残すことも可能です。組織の規模や管理者が複数いる状況ではかなり有効な施策です。しかし、技術的な要求が増えるため、導入時はチームの人材やスキルを考慮しておきましょう。また、小規模なチームの場合はやや業務が煩雑化してしまい、業務効率を一時的に落としてしまう懸念もありますので、組織規模の要素も検討事項として考えておくとよいでしょう。

3-9　担当、見直しサイクル、判断基準を決めてデータやツールの棚卸を定期的に行う

　運用期間が長くなった業務は、すでに置き換えられて運用が行われず陳腐化していくため、定期的な見直しが必要です。また、チームの人数が増加することで業務にも変化が生じます。その都度見直してもよいですが、一定の間隔を決めて業務の現状確認をしてデータやツールの棚卸を実施してください。

棚卸の対象を選定する

　棚卸とは、もともと簿記や会計の分野の言葉で、「決算などの際に、商品・製品・原材料などの在庫を調査して数量を確かめること」を意味しますが、本節では、ある時点でのサービス利用状況や権限といった情報資産を確認して、その現状を把握する意味で用います。Google Cloud PlatformやAmazon Web Serviceなどのクラウドサービスやビジネスインテリジェンス（BI）ツール、また各種SaaSのアカウント管理も棚卸の対象に含まれるでしょう。これらの運用が適切なのかを定期的に確認する必要があります。

　第1章ではデータ整備の具体的なノウハウやTipsを解説しました。組

織全体でさまざまなユーザがデータを活用するようになると、野良ダッシュボードや野良データマートが発生しがちです。これらが増え続けると、管理範囲が広くなり、セキュリティリスクが上がってしまううえ、適切なデータマネジメントができなくなってしまいます。

　以下は、棚卸の対象となるリソースの例です。

- 使われていないダッシュボード
- 使われていないデータマート
- 使われていないデータウェアハウス
- よく利用されるデータソース
- よく発行されるクエリ
- システムが利用するアカウントキー

　データ活用を推進する組織としては、データ基盤の利用状況に注目するべきでしょう。DWH、データマート、ダッシュボードの利用状況やデータウェアハウスへのクエリの問い合わせ状況などをモニタリングします。利用状況によって不必要なデータソースを収集しているデータパイプラインを整理することもできます。

　また、棚卸の際に見落としがちなものとして、さまざまな処理を実行するために利用しているシステムのアカウントキーが挙げられます。セキュリティ面も考慮して、一定期間を経過した場合に失効し、新しいキーに洗い替えする方法が適切でしょう。

誰が・いつ・どのように棚卸を行うかを決める

　通常の業務と同様に棚卸にも運用ルールを定めて定期的に実施するようにマニュアル化するとよいでしょう。ここでは「担当、見直しサイクル、判断基準」をチームで定めてください。

　棚卸のような性質の業務を忘れて放置しておくと、管理コストが飛躍的に上がってしまいます。棚卸の担当者を明確にすることをおすすめします。

　棚卸のタイミングについては、対象ごとに次のような期間を推奨します。

- **データソースやパイプライン、ダッシュボード：毎月**
- **システムが利用するアカウントキー：90 日**（AWS の推奨するキーのローテーション期間[注9]）

　できるかぎり細かいサイクルで定期的に行うことが望ましいですが、業務コストが上がってしまうことにも注意してください。この見直しサイクルは組織の規模にも影響されます。

　棚卸の実施サイクルを定めたら、棚卸対象とするための判断基準を定めます。例えばデータウェアハウスやデータマートなどであれば、3ヶ月など一定期間内に一度も利用されていない場合、棚卸の対象とするといった具合です。またダッシュボードも同様です。実際にこうした運用を始めてみると、不都合な真実に気づくことになります。当初はニーズの高かったデータソースやダッシュボードも時を経過すると風化し、利用されなくなったりするのも事実です。こうしたリソースをモニタリングして、適切に整理することでデータ活用の治安は維持されるのです。

　このように利用されていないコンポーネントを削除した際、現場では年4回（季節ごと）使用していたなどの背景から復元を依頼されることも考えられます。ここで筆者が推奨するのは、アーカイブフォルダなどをあらかじめ準備しておき、棚卸対象となったリソースを一括でそちらに移動し、ユーザ側には表示しないようにする運用です。一定期間そうした対応をしていることをあらかじめ告知し、何も問い合わせがなければ、晴れてそうした不要なリソースを整理することができます。やや手続きが煩雑になってしまいますが、リソースの削除は慎重に行った方がよいため、ドラスティックに実施することはおすすめしません。

注9　https://docs.aws.amazon.com/ja_jp/securityhub/latest/userguide/securityhub-standards-fsbp-controls.html

3-10 不正アクセスに備えて データ保護や匿名加工技術を適用する

■ データの保護

近年のインターネットサービスは常にさまざまなリスクにさらされています。情報処理セキュリティ機構（以降IPA）が毎年「情報セキュリティ10大脅威」として、よくある攻撃手法を公表しています。

表 3-1 代表的な攻撃手法[注10]

順位	個人	組織
1位	スマホ決済の不正利用	ランサムウェアによる被害
2位	フィッシングによる個人情報の詐取	標的型攻撃による機密情報の窃取
3位	ネット上の誹謗・中傷・デマ	テレワーク等のニューノーマルな働き方を狙った攻撃
4位	メールやSMS等を使った脅迫・詐欺の手口による金銭要求	サプライチェーンの弱点を悪用した攻撃
5位	クレジットカード情報の不正利用	ビジネスメール詐欺による金銭要求
6位	インターネットバンキングの不正利用	内部不正による情報漏えい
7位	インターネット上のサービスからの個人情報の窃取	予期せぬIT基盤の障害に伴う業務停止
8位	偽警告によるインターネット詐欺	インターネット上のサービスへの不正ログイン
9位	不正アプリによるスマートフォン利用者への被害	不注意による情報漏えい等の被害
10位	インターネット上のサービスへの不正ログイン	脆弱性対策情報の公開に伴う悪用増加

表3-1に挙げた攻撃手法は年々その手法ややり口が複雑・高度化しているため、万が一の事象に備えておく必要があります。この表の項目はあくまでも、2020年で多く見られた攻撃手法であり、これだけをケアしておけばよいわけではありませんが、参考にすべきです。

上記のような不正アクセスを受けたとき、重要なことは自社のデータの保護です。データ保護はプライバシーを保護する観点からも重要な役割を果たし、法整備が進んでいることは前述しました。ユーザは、企業が定めた利用規約などの記載にしたがって、情報利用に同意しています。日本に

注10 「情報セキュリティ10大脅威 2021」より
https://www.ipa.go.jp/security/vuln/10threats2021.html

おいては個人情報保護法が2003年に制定され、改訂を重ねています。2015年の法改正で個人情報の取り扱いを認める一方で、情報漏洩などによる罰則も整備されました。

　詳細は触れませんが、重要情報や保有しているデータを暗号化やハッシュ化しておくことで、不正アクセスによる個人情報の漏えいのリスクを軽減することも期待できるでしょう。

▌匿名加工技術を使う

　自社で個人情報を保持する際に、個人を特定しうるデータの一部を匿名化することで、情報の解像度を落としてセキュリティを担保できます。2015年の個人情報保護法改正にともなって創設された匿名加工という操作を用います。

　匿名化すべき、個人情報の定義は下記のように定義されています[注11]。

① 当該情報に含まれる氏名、生年月日その他の記述等（文書、若しくは（電磁的記録（電子的方式、磁気的方式その他人の知覚によっては認識することができない方法をいう。）でつくられる記録をいう。）に記載され、若しくは記録され、又は音声、動作その他の方法を用いて表された一切の事項（個人識別符号を覗く。）をいう。）により特定の個人を識別することができるもの（他の情報と容易に照合することができ、それにより特定の個人を識別することができることとなるものを含む。）
② 個人識別符号が含まれるもの。

　つまり、個人情報とは特定の個人を識別できる情報であると言えます。企業が保有している個人情報で言えば、個人の氏名やメールアドレス、電話番号、住所のような顧客の会員情報の中でよく用いられる情報のことです。近年では、これらの単独で個人を特定できる情報を誤用した事故に加え、数々のデータを組み合わせて個人を特定しうる容易照合性を持つデータの取り扱いに注目が集まっています。

注11　e-Govポータル 平成十五年法律第五十七号「個人情報の保護に関する法律」より引用
　　　https://elaws.e-gov.go.jp/document?lawid=415AC0000000057#A

　では、匿名加工とはこの個人情報をどのように加工するものなのでしょうか。こちらも法律に記載されている定義を引用します[注12]。

　次の各号に掲げる個人情報の区分に応じて当該各号に定める措置を講じて特定の個人を識別することができないように個人情報を加工して得られる個人に関する情報であって、当該個人情報を復元することができないようにしたものをいう。

① 第1項第1号に該当する個人情報 当該個人情報に含まれる記述等の一部を削除すること（当該一部の記述等を復元することのできる規則性を有しない方法により他の記述等に置き換えることを含む。）。

② 第1項第2号に該当する個人情報 当該個人情報に含まれる個人識別符号の全部を削除すること（当該個人識別番号を復元することのできる規則性を有しない方法により他の記述等に置き換えることを含む。）。

　つまり、匿名加工情報とは、個人を特定できないように加工した個人に関する情報であると言えます。例えば、先ほど挙げた個人情報の中で、番地や建物名までの住所に関する情報を保持していたとします。この情報を町名や市区町村までに加工して保持することで個人を特定できないようにします。

　ここで情報をどこまで抽象化するか考える必要があります。ある特定サービスの利用者かつ市区町村単位の粒度の情報であれば、その利用者を特定できるケースもあります。このようなケースでは、図3-9のように東京都という都道府県まで粒度を荒くするような手法がとられます。

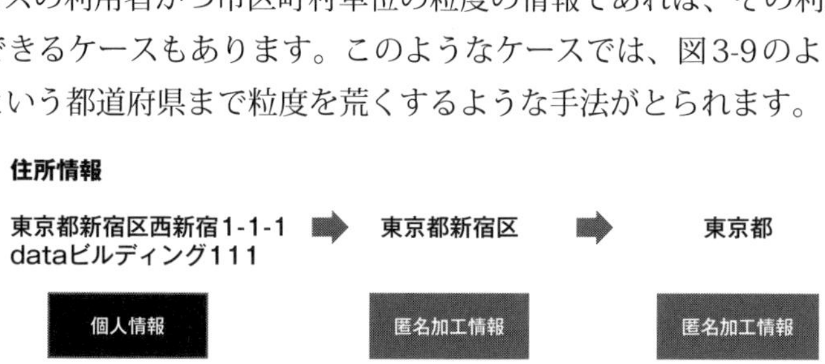

住所情報

東京都新宿区西新宿1-1-1 dataビルディング111　➡　東京都新宿区　➡　東京都

個人情報　　　　匿名加工情報　　　　匿名加工情報

図3-9 匿名加工情報の例

注12 「匿名加工情報ガイドライン」より引用　https://www.ppc.go.jp/files/pdf/guidelines04.pdf

　個人情報を匿名化する上で、**K-匿名性**という重要な考え方があります。ある特定の個人情報データを集約した際、その特定性が何人までの粒度なのかという考え方です。このKに入る数字がその最小特定可能人数です。ポリシーで10人までの特定性を定義した場合は10-匿名性となり、保有しているデータを集約しても、個人の特定確率は1/10です。

　匿名加工処理を行うことで、データの情報量を落とし、セキュリティを担保できる一方で、本章の冒頭でも指摘した通り、データ活用の価値を毀損してしまうことにもつながります。例えば、マーケティング施策で個々の利用者に対して個別に最適化したアルゴリズムやコンテンツを出し分けたい場合、匿名加工化したあとの情報では個別に最適化するタスクに見合わないデータの粒度になってしまうからです。こうした用途にデータを利用したい場合、匿名加工を行わずに適切にデータを加工して分析に利用するのですが、データの用途とデータのパイプラインの役割を明確化して厳密に設計する必要があります。リスクとトレードオフの関係にあることを理解して慎重に取り組んでください。

3-11　監査では評価方法を理解して客観性を担保する

情報システムにおける監査の位置付け

　データ活用組織において、前述したセキュリティリスクへの対応策やそれに沿った業務フローの整理は後回しにされがちです。データ分析や機械学習などの通常のデータ活用を攻めのデータ活用とすれば、こうした取り組みは守りのデータ活用と形容できるかもしれません。

　情報処理推進機構（IPA）が情報セキュリティマネジメントの体系的な手法やサイクルをISMS（Information Security Management System）として公表していますが、その中でもPDCAサイクルを回すことの重要性を指摘しています（図3-10）。

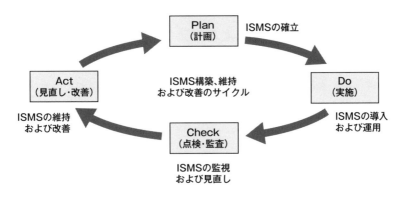

図 3-10　ISMS の PDCA サイクル[注13]

Plan：問題を整理し、目標を立て、その目標を達成するための計画を立てる
Do：目標と計画をもとに、実際の業務を行う
Check：実施した業務が計画通り行われて、当初の目標を達成しているか
　　を確認し、評価する
Act：評価結果をもとに、業務の改善を行う

　ここにおいて、監査はCheckの工程に該当します。ここまで、ポリシーの定義や策定、その運用における勘所や改善などを解説してきましたが、それは上記のPDCAサイクルにおけるPlan（計画）、Do（実施）の部分に該当します。こうした日々の運用を半年や1年といった期間で監査を行うことで、その次の見直し・改善のアクションプランがあぶり出されます。監査における評価がまた次のサイクルにおける計画に据えられることで、組織として継続的な改善につながる業務のループを形成できます。

注13　「情報セキュリティ対策 ベンチマーク活用集 付録」を参考に筆者が作成。
　　　https://www.ipa.go.jp/files/000011535.pdf

リスクアセスメントによるリスク評価

リスクアセスメントとは、守るべき対象である情報資産に対して発生する可能性のある脅威の発生確率や発生した場合の影響度などを評価することです。

監査は社内外で行われ、リスクアセスメントをもとに実施したリスク評価の結果を受けて、正しいリスク管理ができているかを判断します。また、改善事項を挙げ、次の監査のタイミングで改善されているかを確認する工程です。

リスクアセスメントを策定するには、まず自社のデータの取り扱いや運用ルール、またそれに付随するリソースやリスクに対策基準をつくっていきます。

対策基準を考えるうえで、重要なポイントは以下の2点です。

- 何を自社にとって最適な管理策として選ぶか
- どのようにわかりやすく記載するか

組織によってさまざまなケースが存在するため、一概にこれだけを対策すれば大丈夫という銀の弾丸は存在しません。自社での運用ルールをもとに、それぞれの対応策を策定しましょう。

リスクアセスメントとは、リスク分析からリスク評価までのすべてのプロセスであり、リスクとは脅威と脆弱性から生じる損失を指します。脅威はシステムや組織に危害を与える潜在的な要因のことを指します。脆弱性は脅威によって発生する内在的な弱さのことです。また、それによってどんな損害を被りうるのかがリスクの考え方になります。

例えば、次のような脅威・脆弱性・リスクがあったとします。

- **脅威**：標的型攻撃による機密情報の窃取によるアカウント情報の漏洩
- **脆弱性**：攻撃を受けたアカウントの権限による内部情報の流出の可能性
- **リスク**：外部への機密情報の流出により発生する経済的な損失

このとき、「技術的対策」と「管理的対策」を検討します。「技術的対策」と

しては、以下のような対策が考えられます。

- 内部のアカウントの不正な操作の検知
- 不正アクセスに関する報告を受けて、速やかな権限の停止、変更
- アカウント認証には2段階・2要素認証を必須にする

　また、「管理的対策」については、以下が考えられます。

- アクシデントが発生した場合の報告のレポートラインの整備
- アクシデント発生後すぐに対策をとるプロジェクトチームの組成

　リスクを想定して具体的な対策をとっていく方式を詳細リスク分析アプローチと呼びますが、すべてのリスクをひとつひとつ洗い出して、さまざまな対応を決定しているとキリがありません。ISO/IEC 27001などの国際規格を参考に、最低限これだけは守らなければならないというベースラインを定め、そこに加え、日々発生しうる脅威やリスクを柔軟に追加できるような運用を行うとよいでしょう。こうしたリスク評価は、影響の大きさによって経営層の判断に拠ることになるため、データ利活用する組織だけではなく全社的な方針策定が必要です。

▎監査は独立した組織が行う

　「客観性」という観点から、監査については当事者ではない第三者の組織が行うことが望ましいです。データ活用を進める組織は当事者であるため、運用の効率化をねらう措置などが無意識のうちにバイアスになってしまうからです。

　企業会計の分野でも監査法人という独立した組織が企業の会計情報をチェックしています。これは客観性の担保のために、独立した組織がその立場から健全な視点でチェックを行うためにしくみ化された結果です。情報セキュリティやデータ活用の監査についても、同様の構造を担保しておく必要があるのは理解していただけると思います。

　データやシステムの監査の手順としては大きく分けて以下の6つのス

テップが必要です[注14]。

① 組織の長が監査人を指名し、データやシステムの監査を依頼
② データ・システム監査基本計画書、データ・システム監査個別計画書、監査基準などを作成
③ 予備調査、本調査の順に監査を実施。このプロセスで、監査証拠（判断の材料となるシステムの処理・運用に関する資料）の収集や監査調書（監査のプロセスで収集した文書の総称）を作成
④ 監査報告書を作成し、組織の長に報告
⑤ 組織の長は、監査報告書に従って、改善命令
⑥ データ・システム監査人は、改善後の状況を調査・助言

　監査のサイクルとしては、事業年度ごとにこの6ステップを回していくことが一般的です。初年度はゼロからのスタートになるので、構築するのは大変な作業になりますが、一度構築し運用が開始されると、次年度からは差分更新が可能になるため、運用負荷も軽減できるでしょう。このように、継続的な監査のサイクルを独立した組織が行うことで、組織のリスク評価を認識し、改善させるような構造をつくることができます。

　本章では、データを活用する組織の状態を把握し、組織の構成要素を解説してきました。また組織内でデータを取り扱う際の運用ルールやケアしておくべきセキュリティについてや匿名加工や監査についても解説してきました。データ活用の成功の可否は必ずしもデータやシステムだけが原因ではありません。それを扱う人や組織や業務内容にも目を向けておかないと思わぬところで壁にぶつかります。こうしたデータ活用における非機能要件を認識しておくことで、思わぬ失敗を回避することができれば、筆者としては嬉しく思います。

注14　より詳細に内容を知りたい場合はISMSユーザーズガイドを参照してください
　　　https://isms.jp/doc/JIP-ISMS111-21_2.pdf

あとがき

執筆にあたり、以下の方々のご協力をいただきました。

- しんゆう
- 竹野 峻輔
- 田中 聡太郎
- 笹川 裕人
- 山田 雄
- 日高 一馬
- 林田 千瑛
- 別府 多久哉
- 長谷川 亮
- 寳野 雄太
- 伊田 正寿
- 千田 玲子
- 滑川 智也
- 齋藤 和正
- 石井 康貴

（敬称略）

他にも、編集担当である高屋卓也さんをはじめとして、技術評論社の皆様、オンラインイベント「データ整備本を公開執筆して出版社に原稿を提出する会」の参加者など、多くの方々のご協力をいただきました。

本書の企画が始まったのは2019年の冬です。共著者で議論を繰り返し、2年間コツコツと執筆を続け、ようやく出版に漕ぎ着けました。ひとえに協力者の皆様のお力添えによるところが大きいと感じています。この場をお借りして、感謝の意を述べさせていただきます。

実践的データ基盤への処方箋

索引

ゆずたそ（@yuzutas0）

本名：横山翔。令和元年創業・東京下町のITコンサルティング会社「風音屋」代表。日本におけるDataOpsの第一人者。慶應義塾大学経済学部にて計量経済学を専攻。リクルートやメルカリ、ランサーズでデータ活用を推進。広告配信最適化や営業インセンティブ設計など、データを駆使した業務改善を得意とする。コミュニティ活動では、DevelopersSummitのコンテンツ委員やDataEngineeringStudyのモデレーターを担当し、データ基盤やダッシュボードの構築について積極的に情報発信している。当面の目標は100社のデータ活用を支援して各産業の活性化に貢献すること。著書に『個人開発をはじめよう！』『データマネジメントが30分でわかる本』がある。本書の第1章の執筆を担当。

渡部徹太郎（@fetarodc）

東京工業大学大学院 情報理工学研究科にてデータ工学を研究。株式会社野村総合研究所にて大手証券会社向けのシステム基盤を担当し、その後はオープンソース技術部隊にてオープンソースミドルウェア全般の技術サポート・システム開発を担当。その後、株式会社リクルートテクノロジーズに転職し、リクルート全社の横断データ分析基盤のリーダーをする傍ら、東京大学での非常勤講師やビッグデータ基盤のコンサルティングを実施。現在は、株式会社Mobility Technologies（旧JapanTaxi株式会社）にてMLOpsやデータプラットフォームを担当している。著書に「図解即戦力　ビッグデータ分析のシステムと開発がこれ1冊でしっかりわかる教科書」がある。本書の第2章の執筆を担当。

伊藤徹郎（@tetsuroito）

大学卒業後、大手金融関連企業にて営業、データベースマーケティングに従事。その後、コンサル・事業会社の双方の立場で、さまざまなデータ分析やサービスグロースに携わる。現在は、国内最大級の学習支援プラットフォームを提供するEdTech企業「Classi（クラッシー）」の開発本部長とデータAI部部長を兼任し、エンジニア組織を統括している。著書に「データサイエンティスト養成読本 ビジネス活用編」「AI・データ分析プロジェクトのすべて」がある。本書の第3章の執筆を担当。

● カバー・本文デザイン

　トップスタジオデザイン室（轟木 亜紀子）

● DTP

　酒徳 葉子

● 担当

　高屋 卓也

実践的データ基盤への処方箋

ビジネス価値創出のための
データ・システム・ヒトのノウハウ

2021 年 12 月 24 日　初版　第 1 刷発行
2024 年 7 月 31 日　初版　第 4 刷発行

著者	ゆずたそ, 渡部徹太郎, 伊藤徹郎
発行者	片岡巌
発行所	株式会社技術評論社
	東京都新宿区市谷左内町 21-13
	電話　03-3513-6150　販売促進部
	03-3513-6177　第 5 編集部
印刷／製本	日経印刷株式会社

定価はカバーに表示してあります。

本書の一部または全部を著作権法の定める範囲を越え、無断で複写、
複製、転載、あるいはファイルに落とすことを禁じます。

ISBN978-4-297-12445-8 C3055

Printed in Japan

■本書についての電話によるお問
い合わせはご遠慮ください。質問
等がございましたら、下記まで
FAX または封書でお送りください
ますようお願いいたします。

＜問い合わせ先＞
〒 162-0846
東京都新宿区市谷左内町 21-13
株式会社技術評論社第 5 編集部
FAX：03-3513-6173
「実践的データ基盤への処方箋」係

　FAX 番号は変更されていること
もありますので、ご確認の上ご利
用ください。
なお、本書の範囲を超える事柄に
ついてのお問い合わせには一切応
じられませんので、あらかじめご
了承ください。